东北地区主要经济植物生境适宜性评价

叶 吉　王绪高　主编

辽宁科学技术出版社
·沈阳·

图书在版编目（CIP）数据

东北地区主要经济植物生境适宜性评价 / 叶吉，王绪高主编 . —沈阳：辽宁科学技术出版社，2023.10
ISBN 978-7-5591-3255-0

Ⅰ . ①东… Ⅱ . ①叶… ②王… Ⅲ . ①林区—经济植物—生态环境—适宜性评价—东北地区 Ⅳ . ① S759.8

中国国家版本馆CIP数据核字（2023）第197162号

出版发行：辽宁科学技术出版社
（地址：沈阳市和平区十一纬路 25 号　邮编：110003）
印　刷　者：辽宁鼎籍数码科技有限公司
经　销　者：各地新华书店
幅面尺寸：185mm×260mm
印　　张：8
字　　数：150千字
出版时间：2023 年 10 月第 1 版
印刷时间：2023 年 10 月第 1 次印刷
责任编辑：陈广鹏
封面设计：周　洁
责任校对：栗　勇

书号：ISBN 978-7-5591-3255-0
定价：78.00元

联系电话：024-23280036
邮购热线：024-23284502
http://www.lnkj.com.cn

前言

我国东北地区幅员辽阔，包括黑龙江、吉林、辽宁三省以及内蒙古自治区东部的呼伦贝尔市、兴安盟、通辽市和赤峰市。该区域拥有大、小兴安岭和长白山山脉，是我国最大的森林分布区和重要的生态屏障带。同时，该区域也包含了松花江和辽河两大水系，孕育了松嫩平原、辽河平原、三江平原等重要的粮食生产基地。

东北地区的青山绿水滋养了丰富的生物多样性资源，其中植物资源尤为丰富，且大多数植物具有药用、食用等经济价值，极具开发潜力。近年来，随着植物资源的市场需求增大，野生资源因无序采摘、采挖而日益减少，人为栽培意愿日趋强烈。然而，当前人工栽培的资源植物存在种源杂乱、产量及品质参差不齐、盲目跟风等诸多弊端。究其根本，在于对其生境偏好缺乏了解。如何科学地选择不同植物资源的适宜栽种区域，做好其栽培产业规划布局是政府决策者和种植农户面临的一个重要问题。同时，认识资源植物的适宜分布区也是精准保护其种质资源的重要前提。因此，本书针对东北地区多种重要的植物资源开展生境适宜性评价，获得其在东北地区的适宜性分布，并给出影响其分布的关键性环境因子及阈值，为其在东北地区的种植区域选择和资源有效保护提供科学依据。

物种分布适宜性评价是物种分布研究中的重要内容。大尺度的物种分布主要受气候、地理条件等环境因素影响，这些因素通过物种的生理限制决定着物种的分布范围与格局。生态位理论正是基于这样的思想而产生的，而生态位模型是研究区域尺度物种分布格局的重要工具，是利用已知的物种分布数据与环境变量，根据一定的算法来构建模型，判别物种的生态需求，来评价物种的生境适宜性及预测物种的分布区域。最大熵模型（MaxEnt）是生态位模型中的关联模型，其数学原理简单，运用灵活，连续型或分类型的环境变量都可应用，在环境主导因子筛选、生境模拟与物种生境需求的定量描述等方面都具有优势。因此，本书选用最大熵模型来评价物种分布的环境适宜性。

本书的环境因子数据和植被分布数据分别来源于国家气象局、国家标本平台（NSII）、东北植物与生境数据库以及中国基础地理信息系统。特别感谢这些国家基础性平台和数据库的开放共享。

本书应用基础性监测数据和广泛认可的数学模型模拟，能够较为科学准确地对东北地区极具开发价值与潜力的资源植物进行生境适宜性评价，期望能够在特色种植产业发展中对东北地区各级政府和广大种植户有所帮助，在种质资源和生物多样性保护政策制定中对相关管理部门有所指导。

作者

2023年5月

本书编委会

主　编　叶　吉　王绪高

副主编　龙绍芬　孙海红　高昌源　田树国

委　员　于丽珠　王飞翔　王　丹　王　伟

　　　　王禹书　王　铎　王浙吉　王　颖

　　　　牛东伟　叶芳瑜　朱国宏　刘　刚

　　　　孙立鹏　孙　涛　李文政　李　扬

　　　　李怀生　李忠磊　李荣全　杨　宁

　　　　何海燕　张　志　张恒山　陈　明

　　　　周树森　赵立舰　赵　亮　姜永伟

　　　　姜　琨　栾玉婷　潘学宗

目 录 | CONTENS

CHAPTER 1

———— 第一章 ————

研究区域概况

自有文字时起，"东北"作为一个地区就已载入典籍。这里的东北地区是指黑龙江、吉林、辽宁三省和内蒙古自治区的东四盟（市）（赤峰、通辽、兴安盟和呼伦贝尔盟），总面积约124万km²，包含了大、小兴安岭和长白山山脉，是我国最大的森林分布区和重要的生态屏障带（图1.1）。同时，该区域也包含了松花江和辽河两大水系，孕育了松嫩平原、辽河平原、三江平原等重要的粮食生产基地。东北地区自南向北跨越中温带与寒温带，属温带季风气候，四季分明，夏季温热多雨，冬季寒冷干燥。自东南向西北，年降水量自1000mm降至300mm以下，从湿润区、半湿润区过渡到半干旱区。

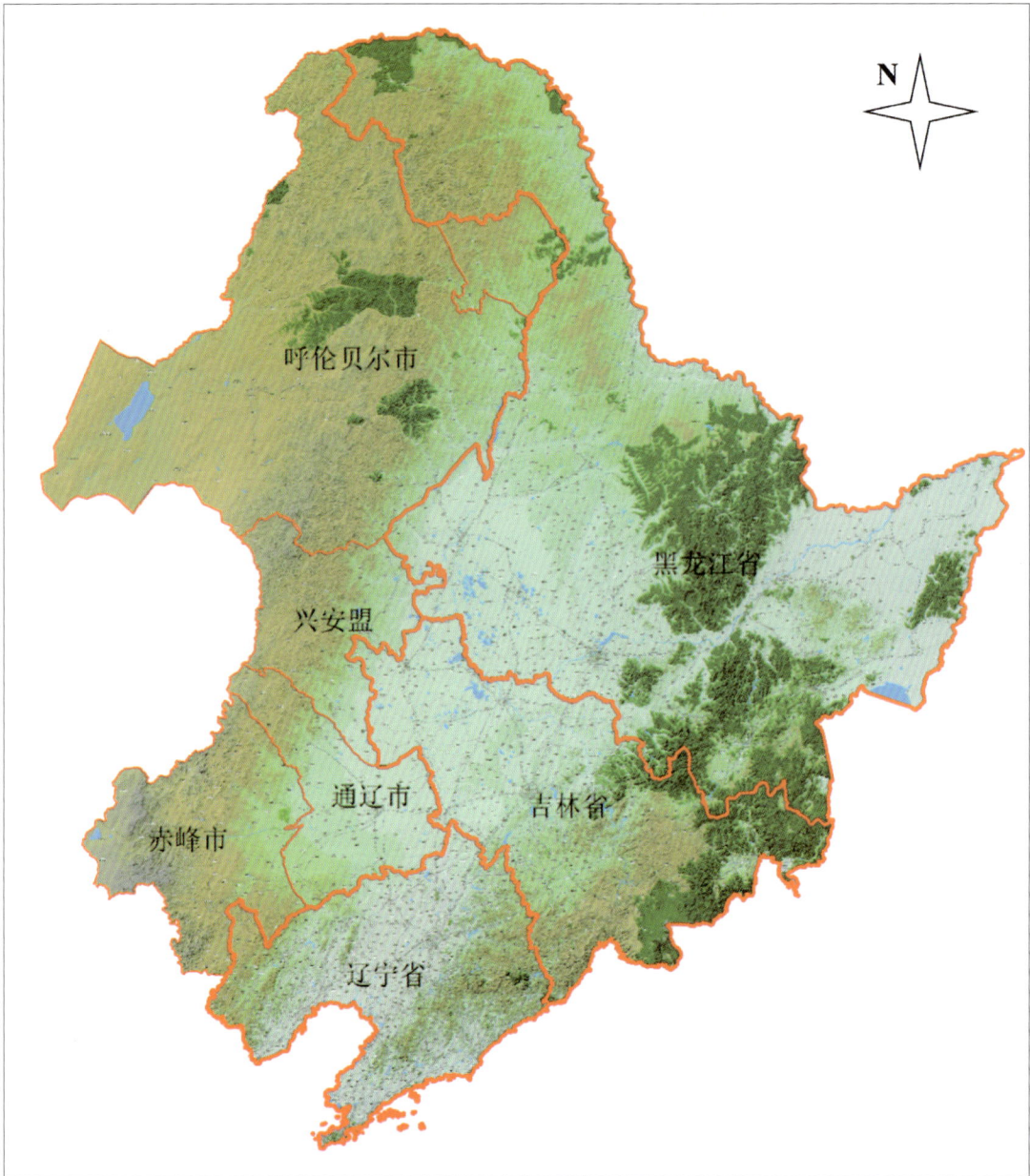

图1.1　研究区域地理分布图

CHAPTER 2

—————— 第二章 ——————

数据来源及
评估方法

数据来源 |

   本书选取了东北地区野生植物资源中市场认可度高、开发前景大的36个本土物种，物种分布数据来源于东北植物与生境数据库（http://210.72.12.79:8888/wzcx.aspx）和国家标本平台（NSII）。东北植物与生境数据库共包含1960块30m×30m的乔灌草调查样方和1372块面积为20m^{2}的早春植物调查样方，样地分布图如图2.1所示。气候数据来自东北地区97个气象台站，1980—2012年的日平均气象观测记录，包含温度、降雨量、日照时数、气压、湿度、风速等相关数据，利用传统的反距离平方法进行气象数据插值计算。反距离权重插

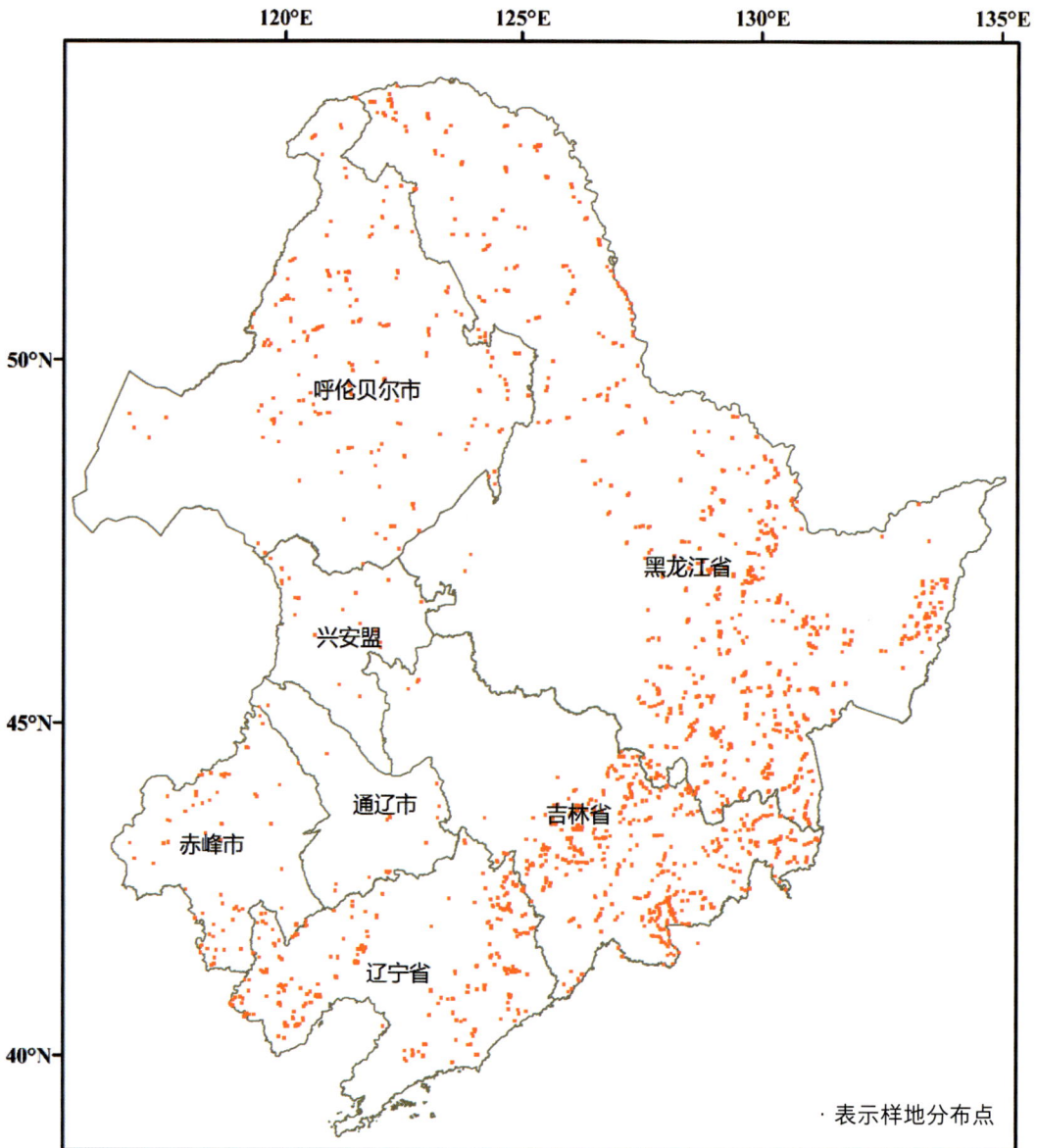

图2.1 研究样地分布图

值法（IDW）是GIS软件中常用的插值方法，它根据空间自相关性，即在空间上越靠近的事物就越为接近的原理进行插值计算，最终获得12个环境栅格数据（图2.2）。

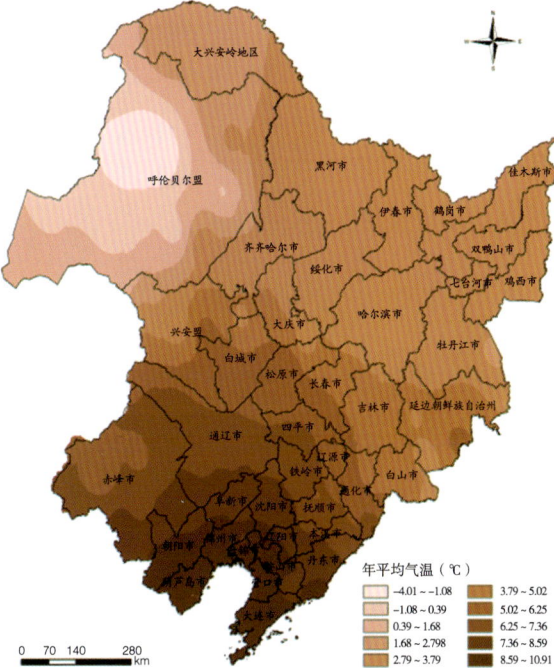

年平均气温（℃）

-4.01 ~ -1.08	3.79 ~ 5.02
-1.08 ~ 0.39	5.02 ~ 6.25
0.39 ~ 1.68	6.25 ~ 7.36
1.68 ~ 2.798	7.36 ~ 8.59
2.79 ~ 3.79	8.59 ~ 10.91

0　70　140　280
km

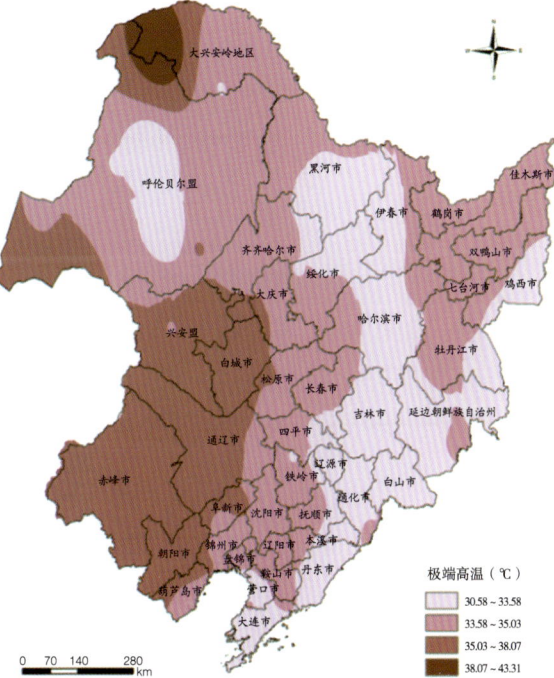

极端高温（℃）

30.58 ~ 33.58
33.58 ~ 35.03
35.03 ~ 38.07
38.07 ~ 43.31

0　70　140　280
km

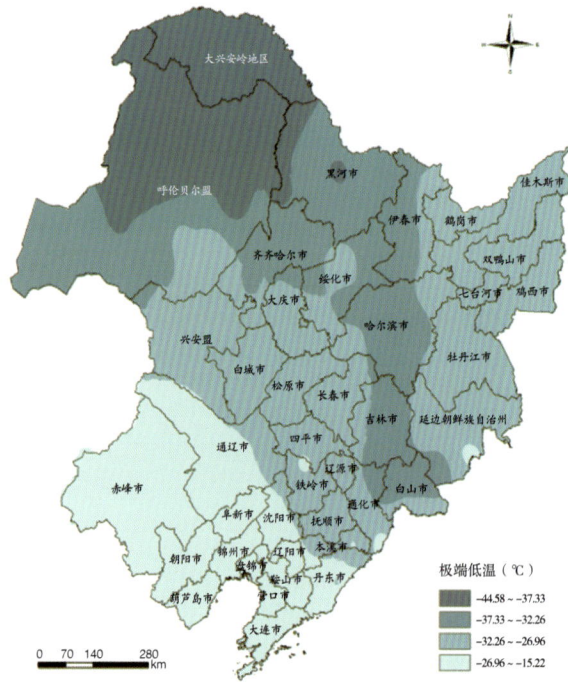

极端低温（℃）

- -44.58 ~ -37.33
- -37.33 ~ -32.26
- -32.26 ~ -26.96
- -26.96 ~ -15.22

0 70 140 280 km

年平均风速（0.1m/s）

- 11.31 ~ 26.20
- 26.20 ~ 31.96
- 31.96 ~ 43.47
- 43.47 ~ 61.74

0 70 140 280 km

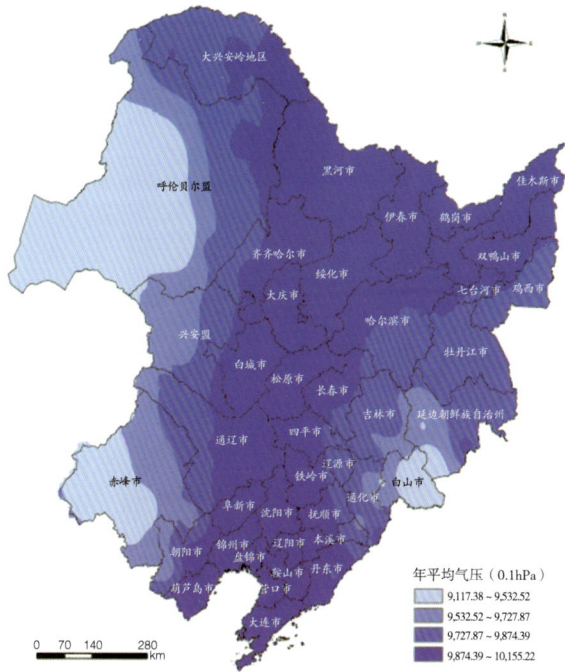

大兴安岭地区

呼伦贝尔盟

黑河市

佳木斯市

伊春市　鹤岗市

齐齐哈尔市　绥化市　双鸭山市

大庆市　七台河市　鸡西市

哈尔滨市

兴安盟　牡丹江市

白城市　松原市　长春市

吉林市　延边朝鲜族自治州

通辽市　四平市

赤峰市　辽源市

铁岭市

阜新市　沈阳市　抚顺市　通化市　白山市

朝阳市　锦州市　辽阳市　本溪市

葫芦岛市　盘锦市　鞍山市　丹东市

营口市

大连市

年平均气压（0.1hPa）

9,117.38 ~ 9,532.52
9,532.52 ~ 9,727.87
9,727.87 ~ 9,874.39
9,874.39 ~ 10,155.22

0　70　140　280
km

大兴安岭地区

呼伦贝尔盟

黑河市

佳木斯市

伊春市　鹤岗市

齐齐哈尔市　绥化市　双鸭山市

大庆市　七台河市　鸡西市

哈尔滨市

兴安盟　牡丹江市

白城市　松原市　长春市

吉林市　延边朝鲜族自治州

通辽市　四平市

赤峰市　辽源市

铁岭市　白山市

阜新市　沈阳市　抚顺市　通化市

朝阳市　锦州市　辽阳市　本溪市

盘锦市　鞍山市　丹东市

营口市

大连市

年平均湿度（1%）

7.79 ~ 20.87　46.29 ~ 55.66
20.87 ~ 34.19　55.66 ~ 63.07
34.19 ~ 46.29　63.07 ~ 70.72

0　70　140　280
km

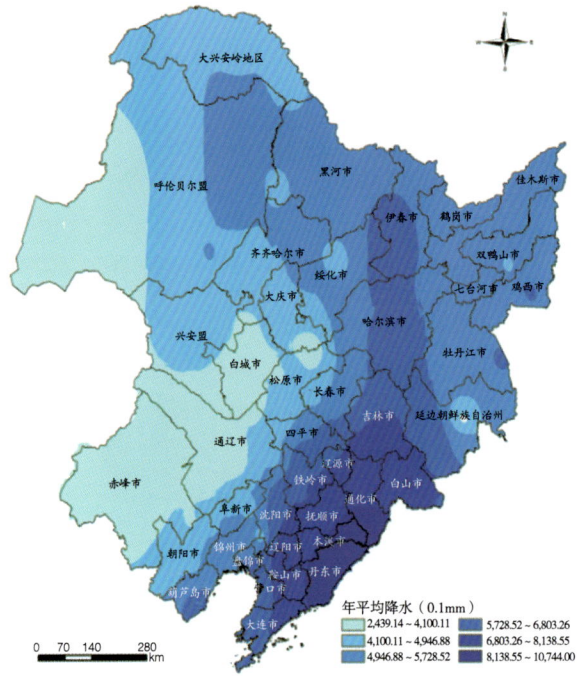

年平均降水（0.1mm）
- 2,439.14 ~ 4,100.11
- 4,100.11 ~ 4,946.88
- 4,946.88 ~ 5,728.52
- 5,728.52 ~ 6,803.26
- 6,803.26 ~ 8,138.55
- 8,138.55 ~ 10,744.00

0 70 140 280 Km

日照时数（日度）
- 5.80 ~ 6.79
- 6.79 ~ 7.32
- 7.32 ~ 7.85
- 7.85 ~ 9.02
- 9.02 ~ 11.28
- 11.28 ~ 14.82

0 70 140 280 Km

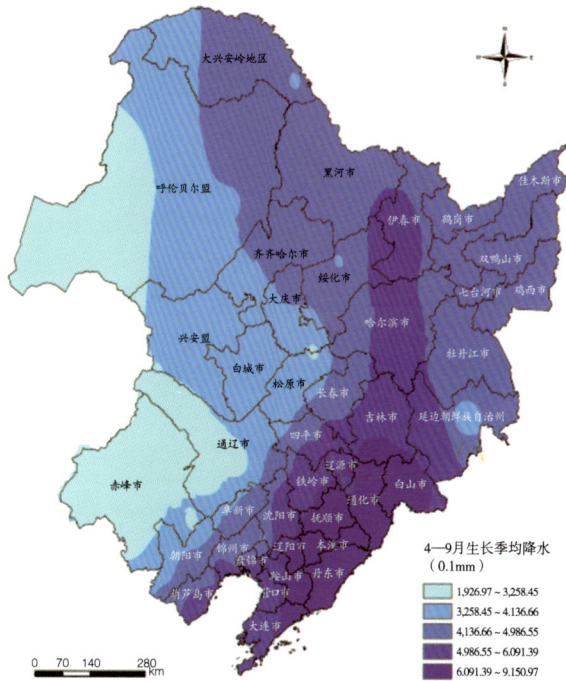

4—9月生长季均降水
（0.1mm）
- 1,926.97 ~ 3,258.45
- 3,258.45 ~ 4,136.66
- 4,136.66 ~ 4,986.55
- 4,986.55 ~ 6,091.39
- 6,091.39 ~ 9,150.97

0 70 140 280
km

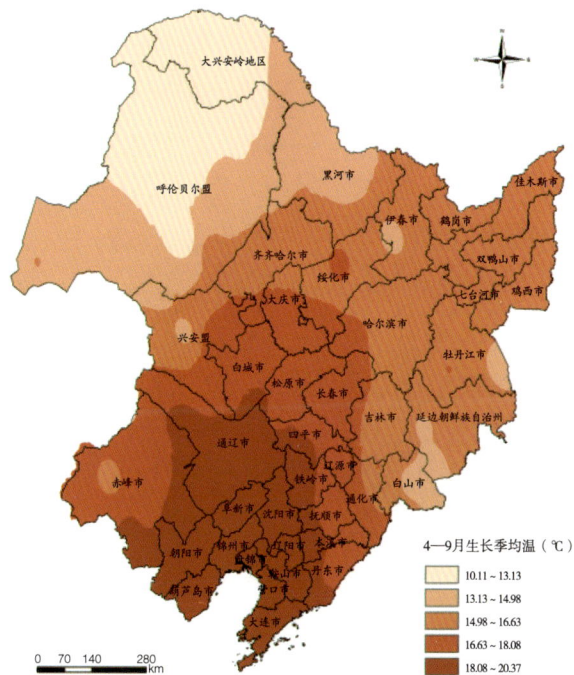

4—9月生长季均温（℃）
- 10.11 ~ 13.13
- 13.13 ~ 14.98
- 14.98 ~ 16.63
- 16.63 ~ 18.08
- 18.08 ~ 20.37

0 70 140 280
km

有效积温（0℃）
- 1,937.30 ~ 2,554.06
- 2,554.06 ~ 2,952.58
- 2,952.58 ~ 3,322.63
- 3,322.63 ~ 3,702.17
- 3,702.17 ~ 4,356.88

0 70 140 280 km

有效积温（10℃）
- 1,572.24 ~ 2,205.86
- 2,205.86 ~ 2,609.07
- 2,609.07 ~ 2,983.48
- 2,983.48 ~ 3,357.89
- 3,357.89 ~ 4,020.31

0 70 140 280 km

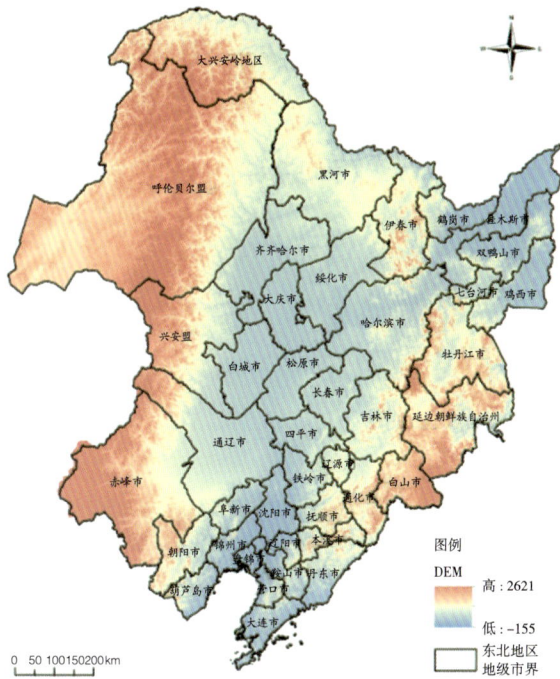

图2.2 研究区域气候因子分布图

地形数据包括海拔、坡度，均根据我国30m精度DEM数据库解译运算获得。以上总计14个生态环境因子，分辨率均为30m×30m，数据处理底图采用1：100万中国东北地区行政区划图（来源于中国基础地理信息系统http://nfgis.Nsdi.gov.cn/）。

生境适宜性评估方法

大尺度的物种分布主要受气候因素影响，这些因素通过物种的生理限制决定着物种的分布范围与格局。生态位理论正是基于这样的思想而产生的，基于温度、降水、光照以及不同因子的耦合效应等影响物种宏观分布的研究在全球范围内持续展开。生态位模型是研究区域尺度物种分布格局的重要工具，是利用已知的物种分布数据与环境变量，根据一定的算法来构建模型，判别物种的生态需求，并与3S技术相结合来评估物种的生境适宜性及预测物种的分布区域。

最大熵模型（MaxEnt）是生态位模型中的关联模型，其数学原理简单，运用灵活，连续型或分类型的环境变量都可应用，在环境主导因子筛选、生境模拟与物种生境需求的定量描述等方面都具有优势。

CHAPTER 3

———— 第三章 ————

东北地区主要
经济植物

1 | 狗枣猕猴桃 / *Actinidia kolomikta*

物种简介 | INTRODUCTION

　　狗枣猕猴桃为猕猴桃科（Actinidiaceae）猕猴桃属（*Actinidia*）藤本植物，又名狗枣子、海棠猕猴桃。花白色或粉红色，聚伞花序，芳香，花瓣5，长方倒卵形；叶薄纸质，阔卵形至长方倒卵形，叶面散生若干软弱的小刺毛；小枝紫褐色，皮孔较显著；果多长圆状卵圆形，长2～2.5cm，无毛，无斑点，成熟时淡橘黄色，具深色纵纹，无宿萼；花期5—7月，果期9—10月（图3.1.1）。狗枣猕猴桃的果可食用，也可入药治疗维生素C缺乏症，树皮可纺绳及织麻布，枝、叶可做植物性杀虫剂，花可提取香精。狗枣猕猴桃是兼具食用、药用和工业生产等多种价值的植物，具有良好的经济效益。

图3.1.1　狗枣猕猴桃

适宜分布区 | DISTRIBUTION AREA

　　狗枣猕猴桃在我国东北地区主要分布于小兴安岭和长白山山脉（图3.1.2）。狗枣猕猴桃的适生区（适生概率≥0.5）主要位于伊春市、牡丹江市、吉林市、延边朝鲜族自治州、白山市、通化市、抚顺市、本溪市、辽阳市、丹东市和鞍山市等地区，面积约有5.62万km²，占东北地区总面积的4.52%。最适生区（适生概率≥0.7）主要位于白山市、延边朝鲜族自治州和本溪市等地区，面积约有0.84万km²。边缘适生区（适生概率0.3～0.5）主要位于伊春市、鹤岗市、佳木斯市、七台河市、鸡西市、哈尔滨市、牡丹江市、吉林市、辽源市、通化市、抚顺市和丹东市等地区，约有11.27万km²（表3.1.1）。

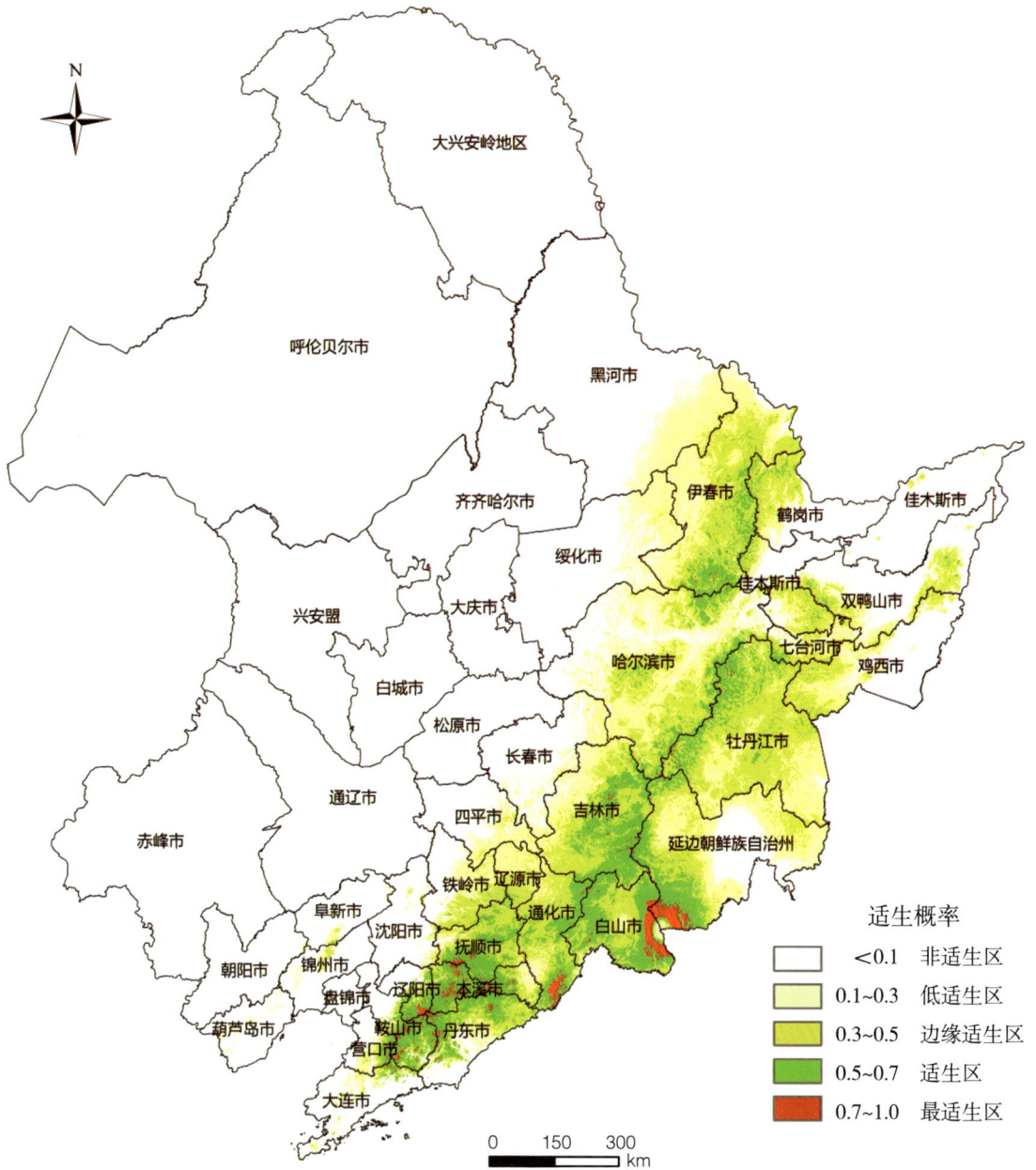

图3.1.2 东北地区狗枣猕猴桃的生境适宜性区划

表3.1.1　东北地区狗枣猕猴桃的适宜分布面积

地区	适生概率							
	0.1~0.3 低适生区		0.3~0.5 边缘适生区		0.5~0.7 适生区		≥ 0.7 最适生区	
	面积	面积比	面积	面积比	面积	面积比	面积	面积比
东北地区	14.90	11.97%	11.27	9.06%	4.78	3.84%	0.84	0.67%
辽宁省	2.01	13.58%	1.80	12.14%	1.52	10.30%	0.39	2.62%
吉林省	4.24	22.34%	3.64	19.18%	2.25	11.83%	0.45	2.38%
黑龙江省	8.73	18.54%	5.97	12.67%	1.22	2.58%	0.05	0.11%
内蒙古东四盟	0.00	0.00%	0.00	0.00%	0.00	0.00%	0.00	0.00%

注：面积比=适生区面积/区域总面积×100%，面积单位：万km²。

影响适宜性的主要环境因子 | ENVIRONMENTAL FACTORS

　　对狗枣猕猴桃生境适宜性贡献率5%以上的环境因子依次为年均降水量（57.3%）、海拔（9.9%）、坡度（7.8%）、极端低温（6.4%）和年均相对湿度（5.2%），累计贡献率达到86.6%（表3.1.2）。从响应曲线看，狗枣猕猴桃对年均降水量的需求阈值为700～1200mm，对极端低温的需求阈值为-35～-29℃，对年均相对湿度的需求阈值大于68%（图3.1.3）。

表3.1.2　对狗枣猕猴桃生境适宜性贡献率5%以上的环境因子

环境因子	贡献率(%)
年均降水量	57.3
海拔	9.9
坡度	7.8
极端低温	6.4
年均相对湿度	5.2

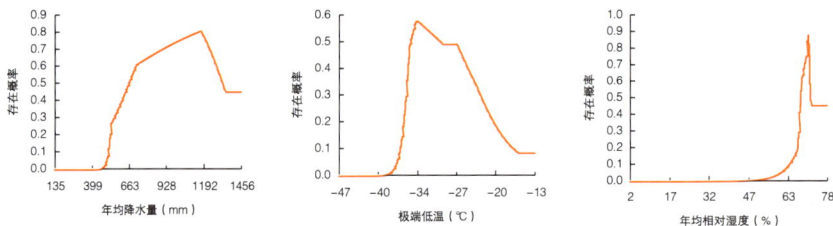

图3.1.3　对狗枣猕猴桃分布起主要作用的水热相关因子响应曲线

2 | 展枝沙参 | *Adenophora divaricata*

物种简介 | INTRODUCTION

　　展枝沙参为桔梗科（Campanulaceae）沙参属（*Adenophora*）草本植物，又名东北沙参、轮叶沙参。花蓝色、蓝紫色，极少近白色，花序常为宽金字塔状；叶全部轮生，叶片常菱状卵形至菱状圆形，边缘具锯齿；茎单生，不分枝，常无毛，有时被细长硬毛，高可达1m；花期7—8月（图3.2.1）。展枝沙参的根可入药，有滋补、祛寒热、清肺止咳的功效。展枝沙参是兼具观赏价值和药用价值的植物，具有经济效益。

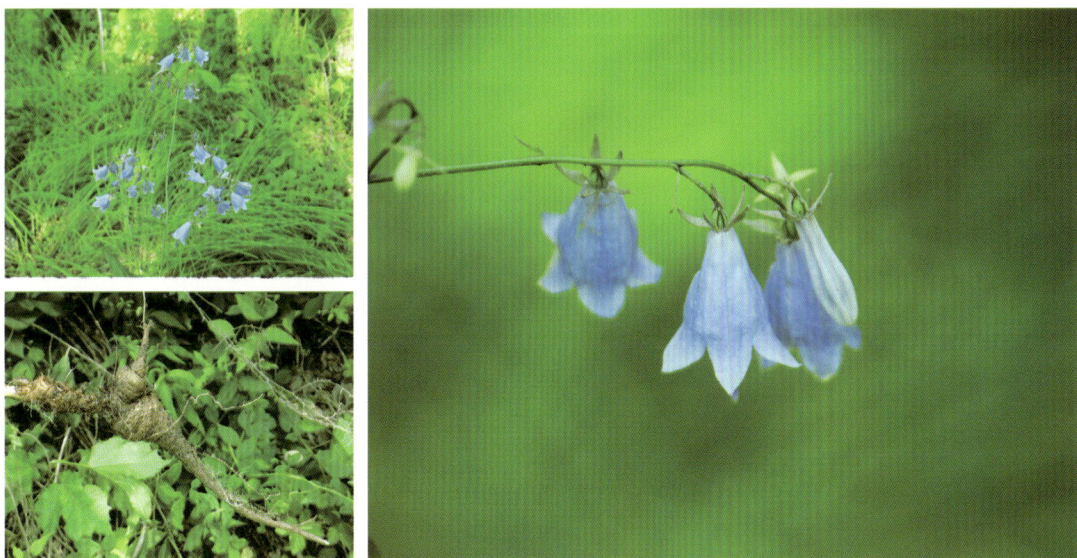

图3.2.1　展枝沙参

适宜分布区 | DISTRIBUTION AREA

　　展枝沙参在我国东北地区集中分布于大、小兴安岭和长白山山脉森林区（图3.2.2）。展枝沙参的适生区（适生概率≥0.5）主要位于呼伦贝尔市、大兴安岭地区、伊春市、鹤岗市、佳木斯市、双鸭山市、七台河市、鸡西市、哈尔滨市、牡丹江市、吉林市、延边朝鲜族自治州、辽源市、大连市、朝阳市和葫芦岛市等地区，面积约有15.19万km^2，占东北地区总面积的12.21%。最适生区（适生概率≥0.7）主要位于鹤岗市、鸡西市、牡丹江市和延边朝鲜族自治州等地区，面积约为1.98万km^2。边缘适生区（适生概率0.3～0.5）主要位于呼伦贝尔市、大兴安岭地区、黑河市、伊春市、哈尔滨市、铁岭市、抚顺市、本溪市和朝阳市等地区，面积约有21.18万km^2（表3.2.1）。

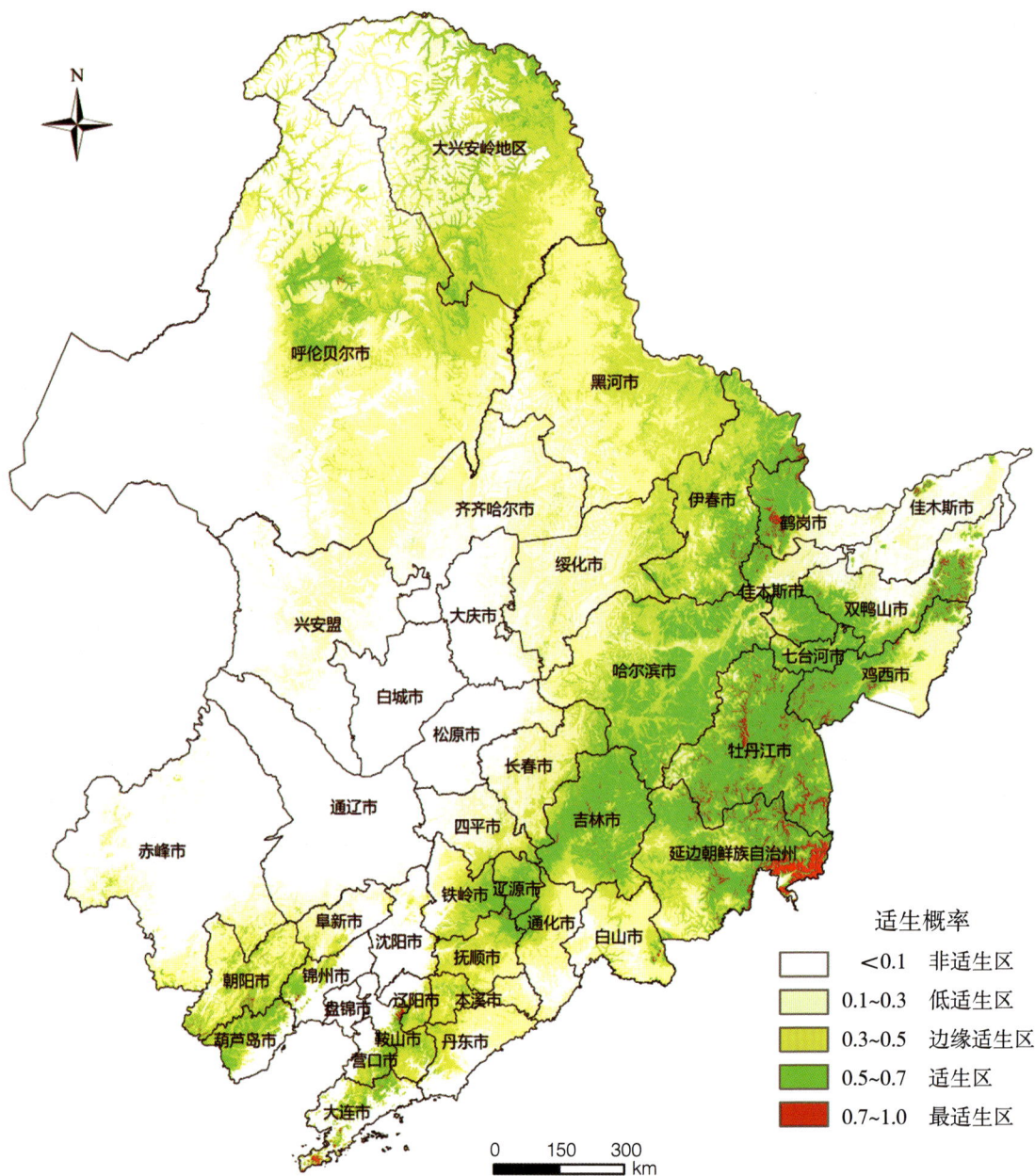

图3.2.2 东北地区展枝沙参的生境适宜性区划

适生概率

	<0.1 非适生区
	0.1~0.3 低适生区
	0.3~0.5 边缘适生区
	0.5~0.7 适生区
	0.7~1.0 最适生区

表3.2.1　东北地区展枝沙参的适宜分布面积

地区	适生概率							
	0.1~0.3 低适生区		0.3~0.5 边缘适生区		0.5~0.7 适生区		≥0.7 最适生区	
	面积	面积比	面积	面积比	面积	面积比	面积	面积比
东北地区	35.29	28.36%	21.18	17.01%	13.21	10.61%	1.98	1.59%
辽宁省	4.70	31.74%	3.25	21.97%	1.19	8.01%	0.18	1.22%
吉林省	4.57	24.04%	3.72	19.60%	3.46	18.24%	0.66	3.49%
黑龙江省	20.26	43.02%	1.44	3.05%	10.07	21.38%	1.40	2.96%
内蒙古东四盟	10.09	23.17%	2.97	6.81%	0.65	1.50%	0.05	0.12%

注：面积比=适生区面积/区域总面积×100%，面积单位：万km²。

影响适宜性的主要环境因子 | ENVIRONMENTAL FACTORS

对展枝沙参生境适宜性贡献率5%以上的环境因子依次为年均降水量（28.5%）、坡度（18.3%）、土壤类型（17.5%）、海拔（10.7%）和4—9月生长季降水量（5.7%），总贡献率达到80.7%（表3.2.2）。展枝沙参对年均降水量的需求阈值为500~800mm，对4—9月生长季降水量的需求阈值为400~600mm（图3.2.3）。

表3.2.2　对展枝沙参生境适宜性贡献率5%以上的环境因子

环境因子	贡献率(%)
年均降水量	28.5
坡度	18.3
土壤类型	17.5
海拔	10.7
4—9月生长季降水量	5.7

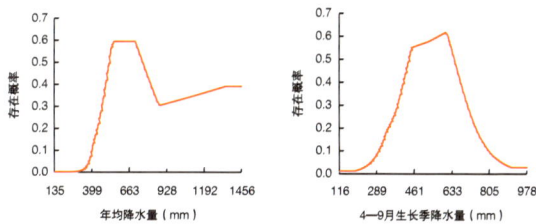

图3.2.3　对展枝沙参分布起主要作用的水热相关因子响应曲线

3 | 耧斗菜 / *Aquilegia viridiflora*

物种简介 | INTRODUCTION

耧斗菜为毛茛科（Ranunculaceae）耧斗菜属（*Aquilegia*）草本植物，又名漏斗菜、青花耧斗菜。花瓣黄绿色，瓣片宽长圆形，萼片黄绿色，窄卵形，花序具3～7花；基生叶具长柄，二回三出复叶，上面无毛，下面被短柔毛或近无毛；茎可达50cm，被柔毛或腺毛；蓇葖果长2～2.5cm；花期5—7月，果期7—8月（图3.3.1）。耧斗菜全草可入药，具有清热解毒、活血去瘀、调经止血等功效，耧斗菜是兼具药用、观赏等价值的药材，经济价值较高。

图3.3.1 耧斗菜

适宜分布区 | DISTRIBUTION AREA

耧斗菜在我国东北地区主要分布于长白山山脉（图3.3.2）；耧斗菜的适生区（适生概率≥0.5）主要位于伊春市、哈尔滨市、牡丹江市、吉林市、延边朝鲜族自治州、白山市、辽源市、通化市和抚顺市等地区，面积约有10.52万km²，占东北地区总面积的8.46%。最适生区（适生概率≥0.7）主要位于哈尔滨市、牡丹江市、吉林市和抚顺市等地区，面积约有2.26万km²。边缘适生区（适生概率0.3～0.5）主要位于大兴安岭地区、伊春市、佳木斯市、七台河市、鸡西市、牡丹江市、延边朝鲜族自治州、本溪市、葫芦岛市和朝阳市等地区，约有14.62万km²（表3.3.1）。

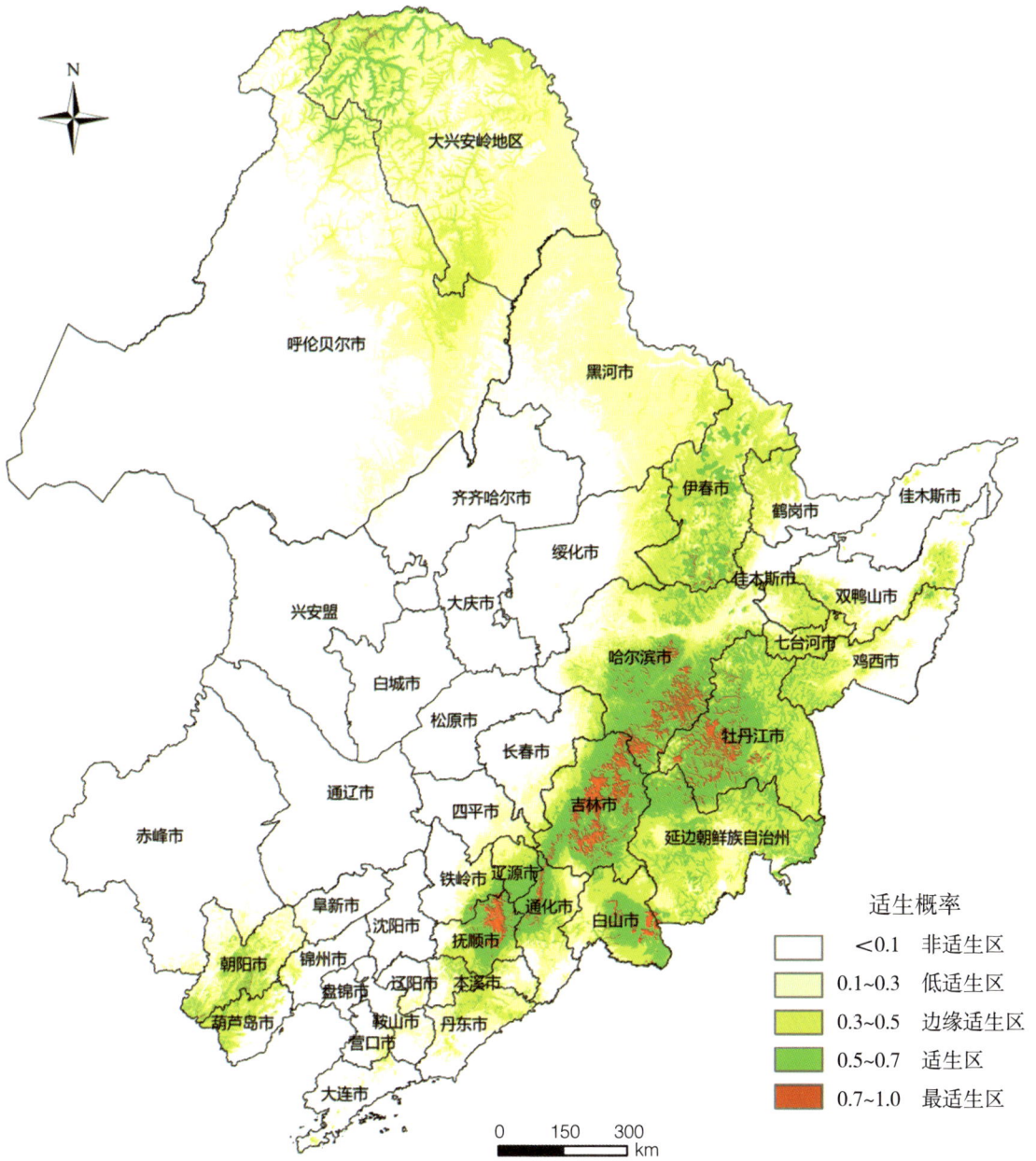

图3.3.2 东北地区耧斗菜的生境适宜性区划

表3.3.1　东北地区耧斗菜的适宜分布面积

地区	适生概率							
	0.1~0.3 低适生区		0.3~0.5 边缘适生区		0.5~0.7 适生区		≥ 0.7 最适生区	
	面积	面积比	面积	面积比	面积	面积比	面积	面积比
东北地区	26.98	21.67%	14.62	11.75%	8.26	6.64%	2.26	1.82%
辽宁省	3.29	22.23%	1.60	10.82%	0.82	5.57%	0.29	1.99%
吉林省	3.10	16.30%	3.88	20.40%	3.38	17.77%	0.94	4.93%
黑龙江省	15.30	32.49%	8.52	18.10%	4.04	8.58%	1.06	2.25%
内蒙古东四盟	5.10	11.71%	1.01	2.31%	0.11	0.25%	0.01	0.01%

注：面积比=适生区面积/区域总面积×100%，面积单位：万km²。

影响适宜性的主要环境因子 ｜ ENVIRONMENTAL FACTORS

对耧斗菜生境适宜性贡献率5%以上的环境因子依次为年均降水量（33.7%）、海拔（15.5%）、日照时数（14.7%）、土壤类型（9.5%）、年均相对湿度（5.8%）、年均气压（5.4%）和坡度（5.2%），累计贡献率达到89.8%（表3.3.2）。从响应曲线看，耧斗菜对年均降水量的需求阈值大于550mm，对年均相对湿度的需求阈值高于67%（图3.3.3）。

表3.3.2　对耧斗菜生境适宜性贡献率5%以上的环境因子

环境因子	贡献率(%)
年均降水量	33.7
海拔	15.5
日照时数	14.7
土壤类型	9.5
年均相对湿度	5.8
年均气压	5.4
坡度	5.2

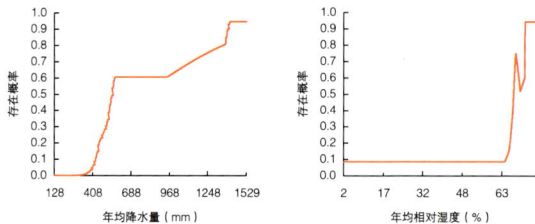

图3.3.3　对耧斗菜分布起主要作用的水热相关因子响应曲线

4 | 辽东楤木 | *Aralia elata* var. *glabrescens*

物种简介 | INTRODUCTION

辽东楤木为五加科（Araliaceae）楤木属（*Aralia*）灌木或乔木，又名刺龙牙、龙牙楤木。树高1.5~6m，皮灰色，疏生多数细刺；花为伞房状圆锥花序，密被灰色柔毛，苞片及小苞片披针形；叶为二回或三回羽状复叶，叶轴及羽片基部被短刺；果为黑色球形，具5棱；花期6—8月，果期9—10月（图3.4.1）。辽东楤木是传统药食两用山野菜，其嫩芽部分味道醇厚，富含多种维生素和矿物质，有除湿活血、安神祛风等功效，其根和树皮为常用中草药，有镇痛消炎、祛风行气等功效。辽东楤木是一种食用、药用、工业加工、观赏价值很高的经济植物。

图3.4.1　辽东楤木

适宜分布区 | DISTRIBUTION AREA

辽东楤木在我国东北地区主要分布在小兴安岭、长白山山脉及其余脉（图3.4.2）。辽东楤木的适生区（适生概率≥0.5）主要位于伊春市、鹤岗市、佳木斯市、双鸭山市、七台河市、鸡西市、哈尔滨市、牡丹江市、吉林市、延边朝鲜族自治州、白山市、通化市、辽源市、铁岭市、抚顺市、本溪市、丹东市、辽阳市和鞍山市等地区，面积约有14.9万km²，占总研究区域面积的11.98%。最适生区（适生概率≥0.7）主要位于伊春市、哈尔滨市、牡丹江市、吉林市、通化市、抚顺市和本溪市等地区，面积约为6.65万km²。边缘适生区（适生概率0.3~0.5）主要镶嵌于适生区周围的山地森林区，面积约有8.23万km²（表3.4.1）。

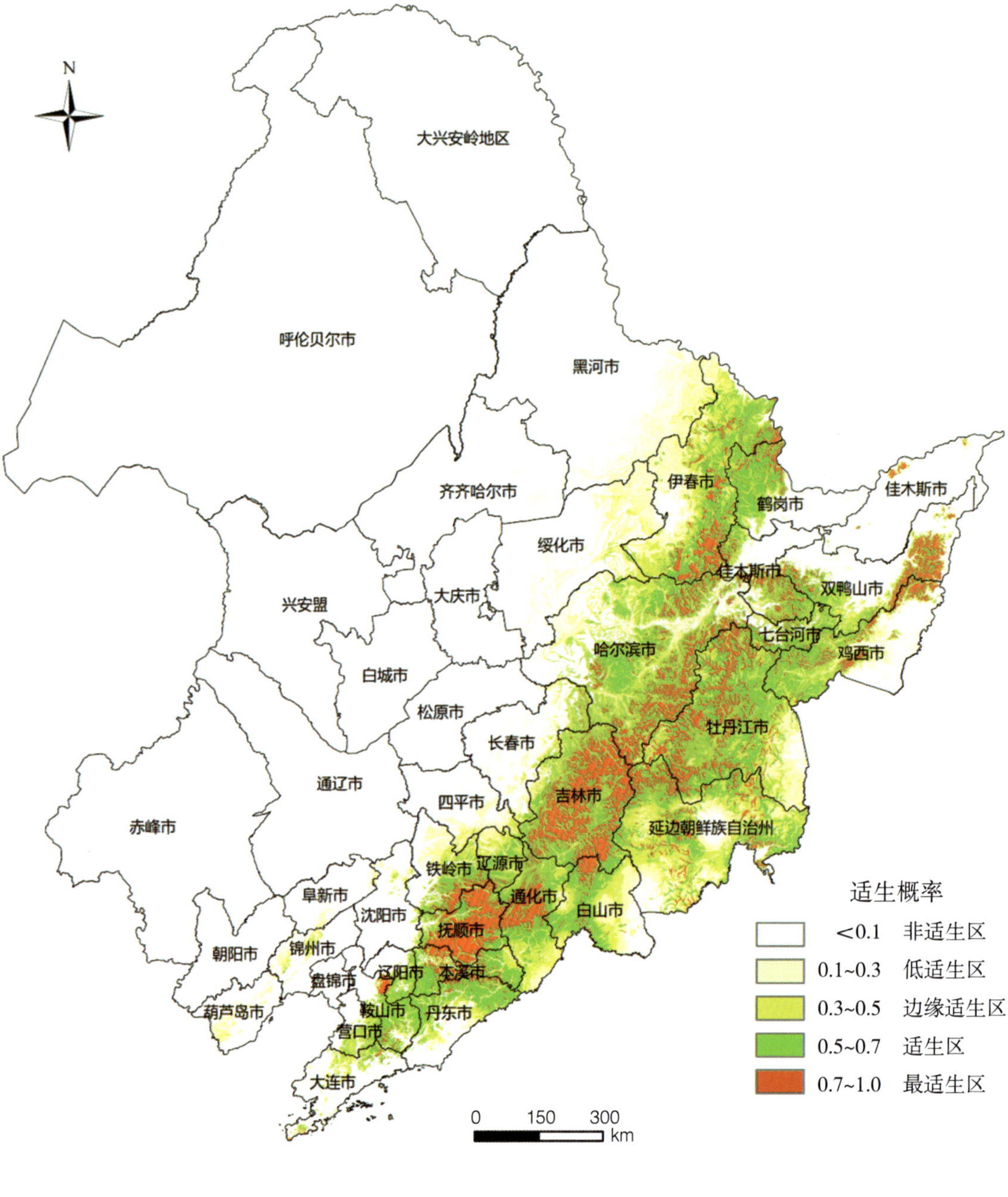

適生概率

	<0.1　非适生区
	0.1~0.3　低适生区
	0.3~0.5　边缘适生区
	0.5~0.7　适生区
	0.7~1.0　最适生区

图3.4.2　东北地区辽东楤木的生境适宜性区划

表3.4.1   东北地区辽东楤木的适宜分布面积

地区	适生概率							
	0.1~0.3 低适生区		0.3~0.5 边缘适生区		0.5~0.7 适生区		≥ 0.7 最适生区	
	面积	面积比	面积	面积比	面积	面积比	面积	面积比
东北地区	9.77	7.85%	8.23	6.61%	8.25	6.63%	6.65	5.35%
辽宁省	1.58	10.70%	1.20	8.13%	1.70	11.51%	1.32	8.91%
吉林省	2.85	14.99%	3.09	16.26%	2.61	13.76%	2.25	11.86%
黑龙江省	5.42	11.50%	4.06	8.61%	4.08	8.66%	3.20	6.79%
内蒙古东四盟	0.01	0.03%	0.00	0.00%	0.00	0.00%	0.00	0.00%

注：面积比=适生区面积/区域总面积×100%，面积单位：万km²。

影响适宜性的主要环境因子 | ENVIRONMENTAL FACTORS

对辽东楤木生境适宜性贡献率5%以上的环境因子依次为年均降水量（37.1%）、土壤类型（15.3%）、4—9月生长季均温（13.4%）、坡度（9.5%）、日照时数（7.7%）和海拔（7.4%），累计贡献率达到90.4%（表3.4.2）。从响应曲线看，辽东楤木对年均降水量的需求阈值为550~1000mm（图3.4.3）。

表3.4.2   对辽东楤木生境适宜性贡献率5%以上的环境因子

环境因子	贡献率(%)
年均降水量	37.1
土壤类型	15.3
4—9月生长季均温	13.4
坡度	9.5
日照时数	7.7
海拔	7.4

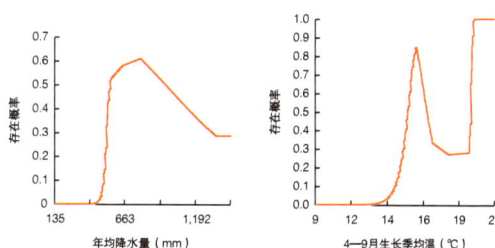

图3.4.3   对辽东楤木分布起主要作用的水热相关因子响应曲线

表3.5.1 东北地区东北蹄盖蕨的适宜分布面积

地区	适生概率							
	0.1~0.3 低适生区		0.3~0.5 边缘适生区		0.5~0.7 适生区		≥ 0.7 最适生区	
	面积	面积比	面积	面积比	面积	面积比	面积	面积比
东北地区	30.86	24.79%	7.64	6.14%	11.10	8.92%	13.57	10.90%
辽宁省	1.17	7.93%	0.60	4.03%	0.78	5.28%	2.84	19.21%
吉林省	2.53	13.32%	2.36	12.42%	3.35	17.62%	5.02	26.45%
黑龙江省	15.22	32.31%	4.48	9.50%	6.95	14.76%	6.00	12.73%
内蒙古东四盟	11.46	26.32%	0.22	0.50%	0.01	0.02%	0.00	0.00%

注：面积比=适生区面积/区域总面积×100%，面积单位：万km²。

影响适宜性的主要环境因子 | ENVIRONMENTAL FACTORS

对东北蹄盖蕨生境适宜性贡献率5%以上的环境因子依次为年均降水量（34.2%）、土壤类型（15.5%）、年均相对湿度（12.6%）、海拔（11.4%）和日照时数（5%），累计贡献率达到78.7%（表3.5.2）。结果说明降水对东北蹄盖蕨的分布起主要作用。从响应曲线看，东北蹄盖蕨对年均降水量的需求阈值大于540mm，对年均相对湿度的需求阈值高于69%（图3.5.3）。

表3.5.2 对东北蹄盖蕨生境适宜性贡献率5%以上的环境因子

环境因子	贡献率(%)
年均降水量	34.2
土壤类型	15.5
年均相对湿度	12.6
海拔	11.4
日照时数	5

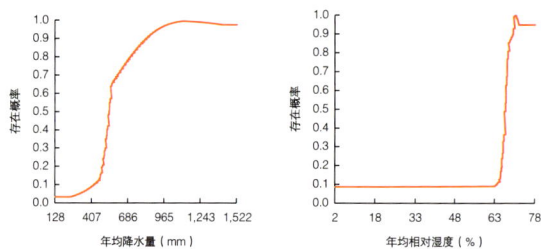

图3.5.3 对东北蹄盖蕨分布起主要作用的水热相关因子响应曲线

6 | 苍术 | *Atractylodes lancea*

物种简介 | INTRODUCTION

苍术为菊科（Asteraceae）苍术属（*Atractylodes*）多年生草本植物，别名北苍术、枪头菜、山刺菜。花为头状花序，单生于茎端，管状花白色，花期7—9月。叶革质，无毛，上中部叶无叶柄，下部叶具短柄，叶缘具硬刺状齿（图3.6.1）。倒披根茎是药材苍术的重要来源，被《神农本草经》列为中品，性温，味辛、苦。现代药理研究表明，苍术的主要化学成分为苍术素、茅术醇、β-桉油醇等倍半萜类化合物，具燥湿健脾、祛风散寒、明目等功效。目前苍术的市场需求量不断增大，野生资源无序采挖严重，严重的供需失衡导致野生资源锐减。

图3.6.1 苍术

适宜分布区 | DISTRIBUTION AREA

苍术在我国东北地区主要分布于辽西、长白山山脉及其余脉（图3.6.2）。苍术的适生区（适生概率≥0.5）主要位于赤峰市、呼伦贝尔市、鹤岗市、七台河市、双鸭山市、鸡西市、牡丹江市、吉林市、延边朝鲜族自治州、辽源市、铁岭市、通化市、抚顺市、本溪市、丹东市、鞍山市、大连市、朝阳市、锦州市和葫芦岛市等地区，面积约有17.92万km²，占东北地区总面积的14.39%。最适生区（适生概率≥0.7）主要位于赤峰市、鸡西市、牡丹江市、延边朝鲜族自治州、吉林市、辽源市、通化市、丹东市、鞍山市、葫芦岛市和朝阳市等地区，面积约为8.26万km²。边缘适生区（适生概率0.3~0.5）主要位于赤峰市、哈尔滨市、铁岭市、抚顺市等地区，面积约为14.97万km²（表3.6.1）。

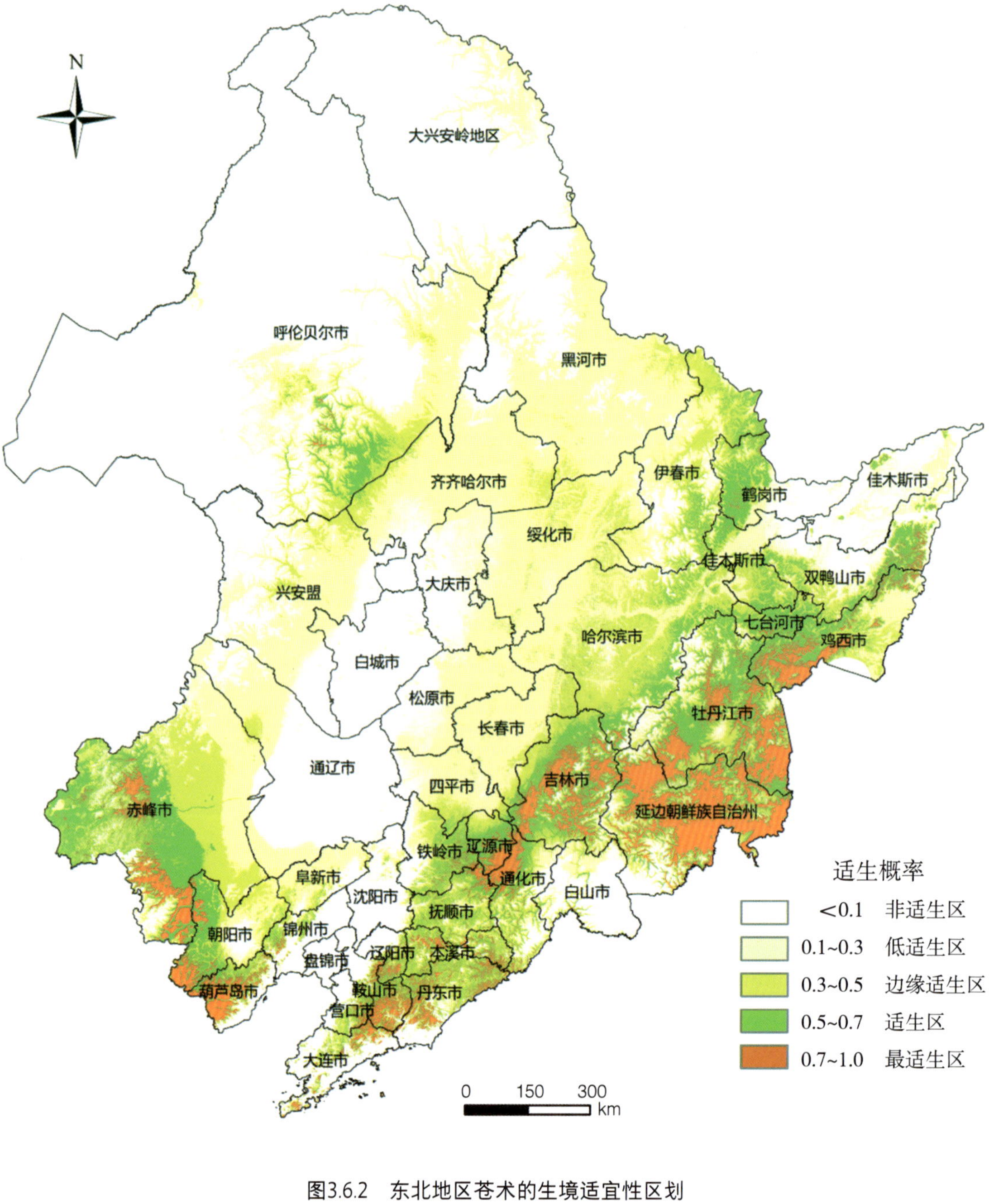

图3.6.2 东北地区苍术的生境适宜性区划

适生概率

	<0.1 非适生区
	0.1~0.3 低适生区
	0.3~0.5 边缘适生区
	0.5~0.7 适生区
	0.7~1.0 最适生区

表3.6.1 东北地区苍术的适宜分布面积

地区	适生概率							
	0.1~0.3 低适生区		0.3~0.5 边缘适生区		0.5~0.7 适生区		≥ 0.7 最适生区	
	面积	面积比	面积	面积比	面积	面积比	面积	面积比
东北地区	39.22	31.51%	14.97	12.03%	9.66	7.76%	8.26	6.63%
辽宁省	3.20	21.59%	2.59	17.49%	2.12	14.33%	2.11	14.26%
吉林省	5.95	31.33%	2.22	11.69%	2.01	10.56%	3.54	18.65%
黑龙江省	19.73	41.89%	6.35	13.49%	3.48	7.38%	2.00	4.24%
内蒙古东四盟	10.11	23.21%	3.89	8.94%	2.21	5.07%	0.83	1.91%

注：面积比=适生区面积/区域总面积×100%，面积单位：万km²。

影响适宜性的主要环境因子 | ENVIRONMENTAL FACTORS

对苍术生境适宜性贡献率5%以上的环境因子依次为极端低温（28.2%）、海拔（15.3%）、年均风速（15.2%）、土壤类型（8%）、日照时数（6.7%）、坡度（5.9%）和年均降水量（5%），累计贡献率达到84.3%（表3.6.2）。从响应曲线看，苍术对极端低温的需求阈值高于-33℃，对年均降水量的需求阈值大于500mm（图3.6.3）。

表3.6.2 对苍术生境适宜性贡献率5%以上的环境因子

环境因子	贡献率(%)
极端低温	28.2
海拔	15.3
年均风速	15.2
土壤类型	8
日照时数	6.7
坡度	5.9
年均降水量	5

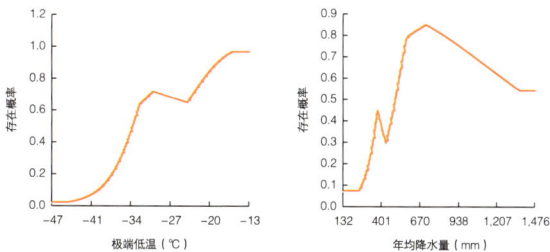

图3.6.3 对苍术分布起主要作用的水热相关因子响应曲线

7 | 柳兰 | *Chamerion angustifolium*

物种简介 | INTRODUCTION

　　柳兰为柳叶菜科（Onagraceae）柳兰属（*Chamerion*）草本植物，又名火烧兰、铁筷子。花萼片紫红色，长圆状披针形，被灰白柔毛，花瓣粉红或紫红色，稀白色；叶螺旋状互生，稀近基部对生，中上部的叶线状披针形或窄披针形；根状茎匍匐于表土层，长达2m；蒴果，密被贴生白灰色柔毛，种子窄倒卵状圆形；花期6—9月，果期8—10月（图3.7.1）。柳兰的茎叶可做猪饲料，根状茎可入药，能消炎止痛，治疗跌打损伤，全草含鞣质，可制栲胶。柳兰是兼具药用、生产使用价值的药材，具有良好的经济效益。

图3.7.1　柳兰

适宜分布区 | DISTRIBUTION AREA

　　柳兰在我国东北地区主要分布于大兴安岭地区（图3.7.2）。柳兰的适生区（适生概率≥0.5）主要位于呼伦贝尔市、大兴安岭地区、黑河市、伊春市、鹤岗市、延边朝鲜族自治州和白山市等地区，面积约有26.94万km^2，占东北地区总面积的21.64%。最适生区（适生概率≥0.7）主要位于呼伦贝尔市、大兴安岭地区和黑河市等地区，面积约为15.24万km^2。边缘适生区（适生概率0.3～0.5）主要位于其适生区附近的山地森林区、哈尔滨市、佳木斯市、七台河市、鸡西市等地区，面积约为20.57万km^2（表3.7.1）。

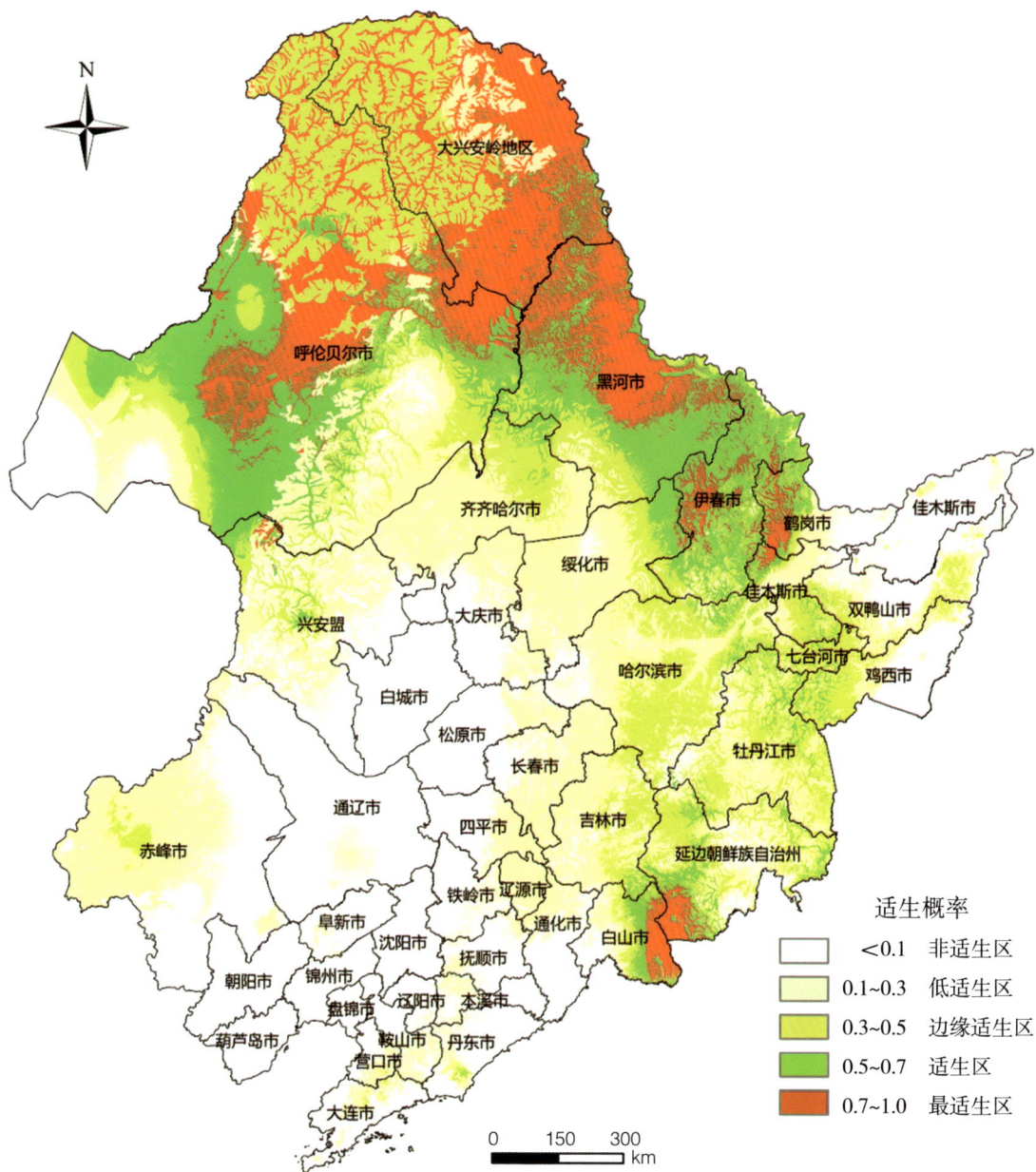

图3.7.2　东北地区柳兰的生境适宜性区划

适生概率

<0.1	非适生区
0.1~0.3	低适生区
0.3~0.5	边缘适生区
0.5~0.7	适生区
0.7~1.0	最适生区

表3.7.1　东北地区柳兰的适宜分布面积

地区	适生概率							
	0.1~0.3 低适生区		0.3~0.5 边缘适生区		0.5~0.7 适生区		≥0.7 最适生区	
	面积	面积比	面积	面积比	面积	面积比	面积	面积比
东北地区	36.81	29.57%	20.57	16.53%	11.70	9.40%	15.24	12.24%
辽宁省	1.83	12.36%	0.05	0.36%	0.01	0.04%	0.00	0.00%
吉林省	5.69	29.95%	1.56	8.23%	4.99	26.27%	0.56	2.93%
黑龙江省	15.16	32.19%	11.06	23.48%	5.31	11.28%	8.87	18.83%
内蒙古东四盟	12.17	27.94%	7.03	16.14%	5.49	12.60%	5.28	12.13%

注：面积比=适生区面积/区域总面积×100%，面积单位：万km²。

影响适宜性的主要环境因子 | ENVIRONMENTAL FACTORS

对柳兰生境适宜性贡献率5%以上的环境因子依次为生长季均温（44.5%）、土壤类型（12.2%）、年均相对湿度（8.5%）、极端低温（8.4%）、年均降水量（5.8%）和≥0℃有效积温（5.3%），累计贡献率达到84.7%（表3.7.2）。从响应曲线看，柳兰对生长季均温的需求阈值低于15℃，对极端低温的需求阈值低于-33℃，对年均降水量的需求阈值大于350mm，对≥0℃有效积温的需求阈值低于2900℃/a（图3.7.3）。

表3.7.2　对柳兰生境适宜性贡献率5%以上的环境因子

环境因子	贡献率(%)
生长季均温	44.5
土壤类型	12.2
年均相对湿度	8.5
极端低温	8.4
年均降水量	5.8
≥0℃有效积温	5.3

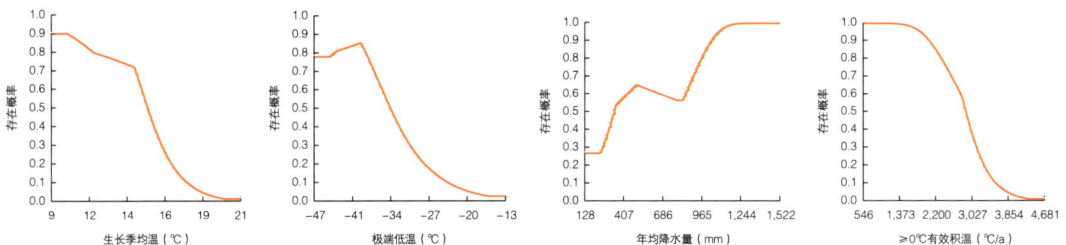

图3.7.3　对柳兰分布起主要作用的水热相关因子响应曲线

8 | 铃兰 | *Convallaria majalis*

物种简介 | **INTRODUCTION**

铃兰为天门冬科（Asparagaceae）铃兰属（*Convallaria*）草本植物，又名草寸香、草玉兰。花白色，钟状，俯垂，花被顶端6浅裂，裂片卵状三角形；叶常2枚，椭圆形或卵状披针形；根状茎粗短，具1~2条细长的葡萄茎；浆果球形，径0.6~1.2cm，熟时红色；种子扁圆形或双凸状，有网纹；花期5—6月，果期7—9月（图3.8.1）。铃兰的全草和根可入药，有强心、活血、祛风等功效，其花中富含挥发油，可用于生产香料添加剂。铃兰是集观赏、药用、工业加工等多种价值的作物，具有良好的经济效益。

图3.8.1 铃兰

适宜分布区 | **DISTRIBUTION AREA**

铃兰在我国东北地区主要分布于大兴安岭、小兴安岭和长白山山脉（图3.8.2）。铃兰的适生区（适生概率≥0.5）主要位于呼伦贝尔市、大兴安岭地区、黑河市、伊春市、鹤岗市、佳木斯市、双鸭山市、七台河市、鸡西市、哈尔滨市、牡丹江市、吉林市、延边朝鲜族自治州、辽源市、通化市、铁岭市、抚顺市、丹东市、鞍山市和葫芦岛市等地区，面积约有30.52万km²，占东北地区总面积的24.52%。最适生区（适生概率≥0.7）主要位于大兴安岭地区、佳木斯市、双鸭山市、七台河市、鸡西市、哈尔滨市、牡丹江市、吉林市、延边朝鲜族自治州、辽源市、通化市和抚顺市等地区，面积约为15.36万km²。边缘适生区（适生概率0.3~0.5）主要位于呼伦贝尔市、大兴安岭地区、黑河市和白山市等地区，面积约为16.95万km²（表3.8.1）。

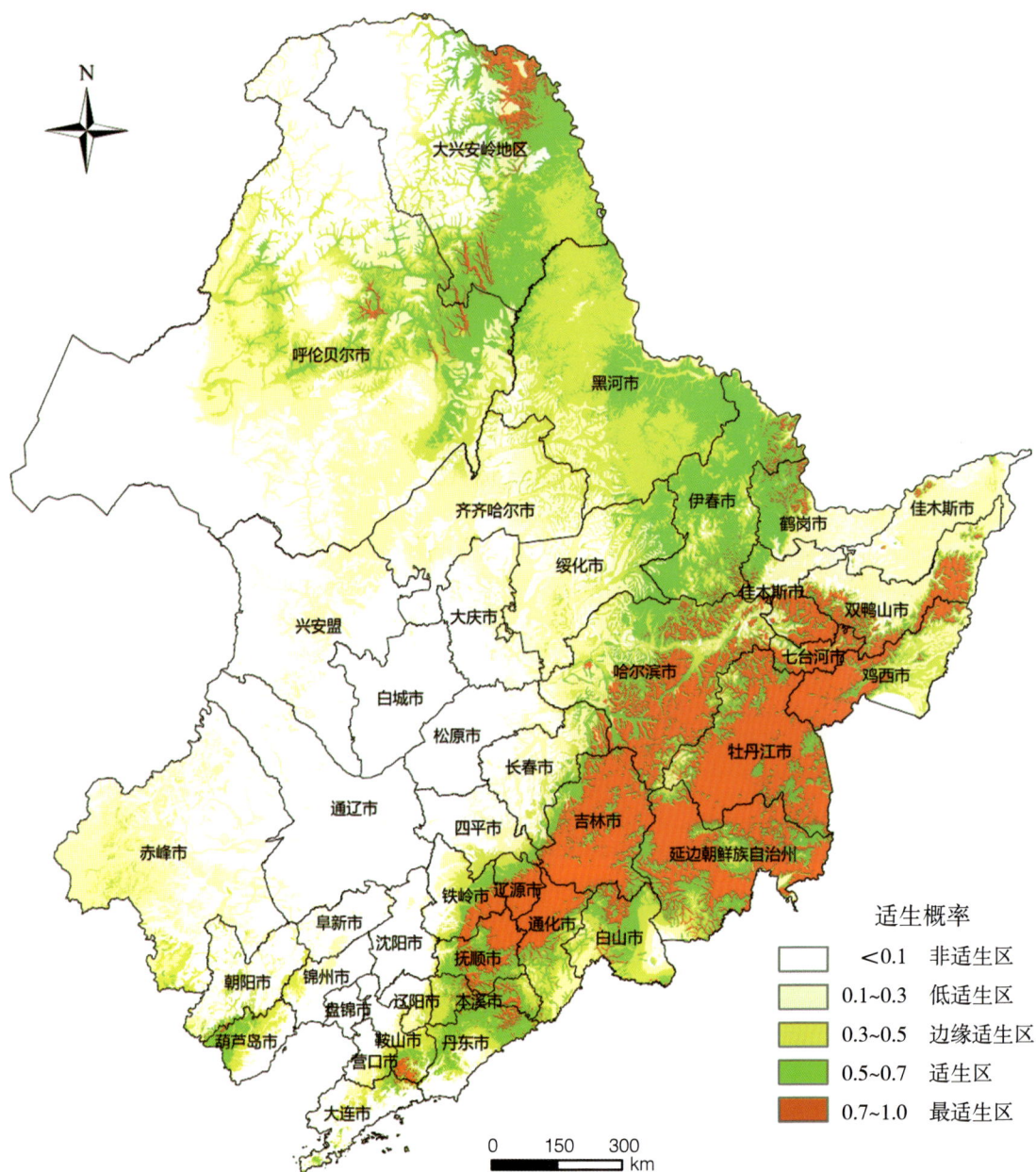

图3.8.2　东北地区铃兰的生境适宜性区划

适生概率

<0.1	非适生区
0.1~0.3	低适生区
0.3~0.5	边缘适生区
0.5~0.7	适生区
0.7~1.0	最适生区

表3.8.1　东北地区铃兰的适宜分布面积

地区	适生概率							
	0.1~0.3 低适生区		0.3~0.5 边缘适生区		0.5~0.7 适生区		≥0.7 最适生区	
	面积	面积比	面积	面积比	面积	面积比	面积	面积比
东北地区	28.73	23.08%	16.95	13.62%	15.16	12.18%	15.36	12.34%
辽宁省	2.45	16.57%	1.80	12.18%	1.96	13.21%	1.26	8.51%
吉林省	2.06	10.85%	1.83	9.64%	2.62	13.80%	5.98	31.47%
黑龙江省	11.63	24.69%	9.81	20.81%	8.96	19.03%	8.05	17.09%
内蒙古东四盟	12.33	28.31%	3.38	7.76%	1.59	3.65%	0.18	0.42%

注：面积比=适生区面积/区域总面积×100%，面积单位：万km²。

影响适宜性的主要环境因子 | ENVIRONMENTAL FACTORS

对铃兰生境适宜性贡献率5%以上的环境因子依次为土壤类型（29%）、海拔（14.9%）、年均相对湿度（14.4%）、年均降水量（14.1%）和日照时数（9.9%），累计贡献率达到82.3%（表3.8.2）。从响应曲线看，铃兰对年均相对湿度的需求阈值为67%~70%，对年均降水量的需求阈值为500~1000mm（图3.8.3）。

表3.8.2　对铃兰生境适宜性贡献率5%以上的环境因子

环境因子	贡献率(%)
土壤类型	29
海拔	14.9
年均相对湿度	14.4
年均降水量	14.1
日照时数	9.9

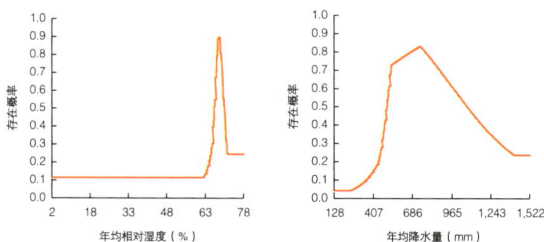

图3.8.3　对铃兰分布起主要作用的水热相关因子响应曲线

9 | 延胡索 / *Corydalis yanhusuo*

物种简介 | INTRODUCTION

延胡索为罂粟科（Papaveraceae）紫堇属（*Corydalis*）草本植物，又名长距元胡、元胡。花紫红色，外花瓣宽，具齿，总状花序具5～15花；叶二回三出或近三回三出，小叶3裂或3深裂，裂片披针形；茎直立，常分枝，基部以上具1（2）鳞片，鳞片及下部茎生叶常具腋生块茎，块茎球形；蒴果线形，长2～2.8cm，种子1列（图3.9.1）。延胡索的块茎富含20多种生物碱，有行气止痛、活血化瘀、治疗跌打损伤等功效。延胡索的块茎是著名的常用中药，具有很高的经济效益。

图3.9.1　延胡索

适宜分布区 | DISTRIBUTION AREA

延胡索在我国东北地区集中分布在黑龙江省（图3.9.2）；延胡索的适生区（适生概率≥0.5）主要位于伊春市、鹤岗市、佳木斯市、双鸭山市、七台河市、鸡西市、哈尔滨市、牡丹江市、吉林市和延边朝鲜族自治州等地区，面积约有8.57万km²，占东北地区总面积的6.89%。最适生区（适宜概率≥0.7）主要位于鹤岗市、双鸭山市和鸡西市等地区，面积约为1.39万km²。边缘适生区（适生概率0.3～0.5）主要位于黑河市、伊春市、哈尔滨市、吉林市、延边朝鲜族自治州、抚顺市和葫芦岛市等地区，面积约有10.73万km²（表3.9.1）。

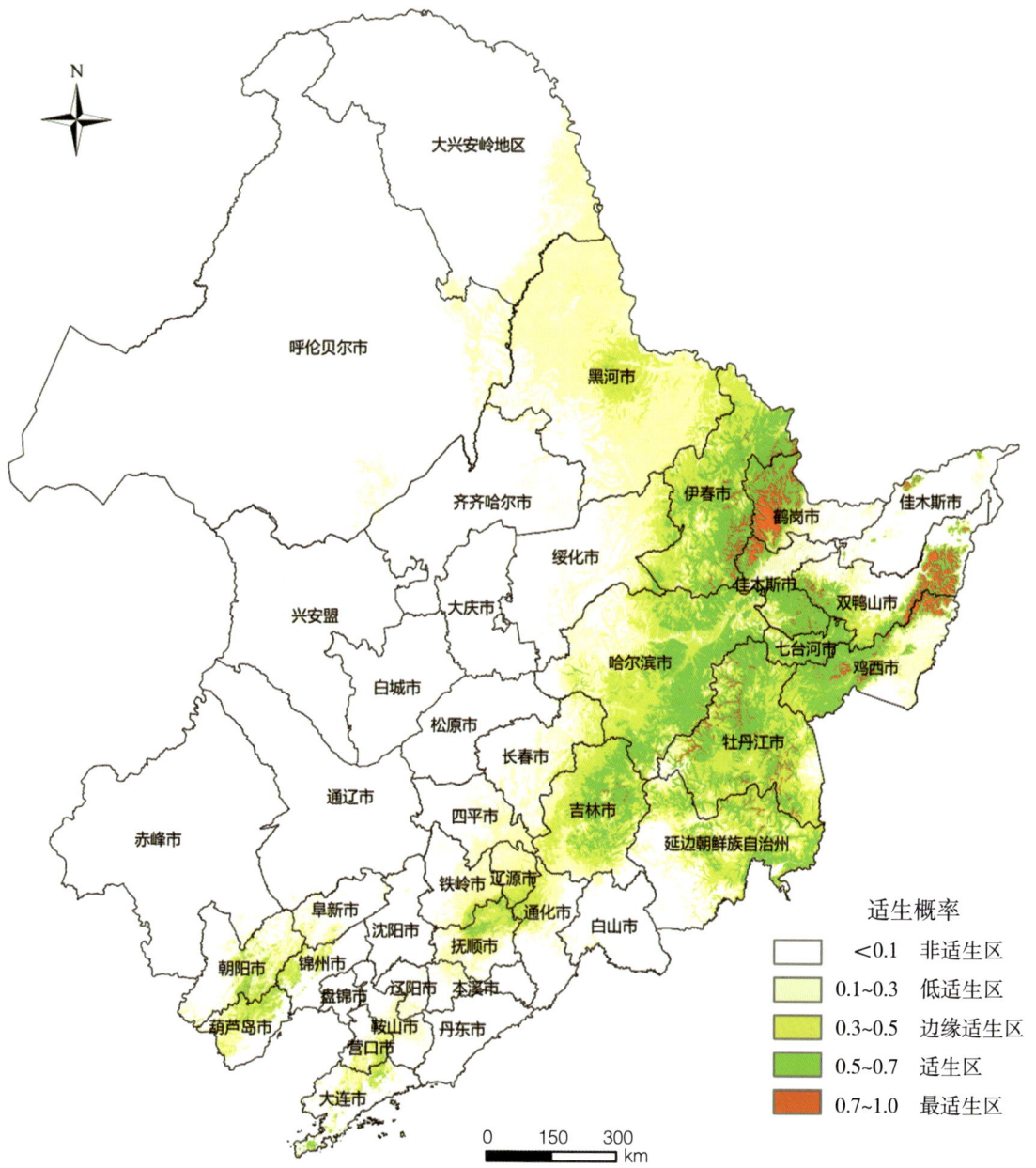

图3.9.2　东北地区延胡索的生境适宜性区划

表3.9.1 东北地区延胡索的适宜分布面积

地区	适生概率							
	0.1~0.3 低适生区		0.3~0.5 边缘适生区		0.5~0.7 适生区		≥0.7 最适生区	
	面积	面积比	面积	面积比	面积	面积比	面积	面积比
东北地区	18.48	14.84%	10.73	8.62%	7.18	5.77%	1.39	1.12%
辽宁省	3.23	21.81%	1.01	6.80%	0.20	1.37%	0.03	0.17%
吉林省	3.97	20.87%	2.72	14.32%	1.10	5.76%	0.07	0.37%
黑龙江省	10.69	22.69%	6.98	14.82%	5.76	12.23%	1.26	2.68%
内蒙古东四盟	0.70	1.61%	0.00	0.01%	0.00	0.00%	0.00	0.00%

注：面积比=适生区面积/区域总面积×100%，面积单位：万km²。

影响适宜性的主要环境因子 | ENVIRONMENTAL FACTORS

对延胡索生境适宜性贡献率5%以上的环境因子依次为年均降水量（34.1%）、4—9生长季均温（16%）、土壤类型（15.1%）、海拔（8.8%）、坡度（6.9%），累计贡献率达到80.9%（表3.9.2）。从响应曲线看，延胡索对年均降水量的需求阈值为530~650mm（图3.9.3）。

表3.9.2 对延胡索生境适宜性贡献率5%以上的环境因子

环境因子	贡献率(%)
年均降水量	34.1
4—9月生长季均温	16
土壤类型	15.1
海拔	8.8
坡度	6.9

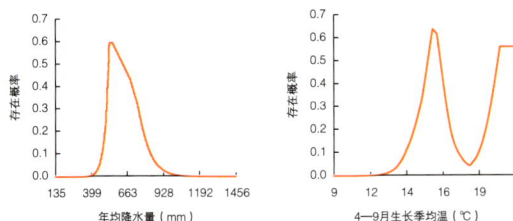

图3.9.3 对延胡索分布起主要作用的水热相关因子响应曲线

10 | 榛 / *Corylus heterophylla*

物种简介 | INTRODUCTION

　　榛为桦木科（Betulaceae）榛属（*Corylus*）小乔木或灌木，又名平榛、毛榛。高可达7m；雄花序簇生，雌花序呈头状，苞片钟状，具纵肋，密被柔毛；叶为长圆形或倒卵形，下面沿脉疏被长柔毛，上面无毛；树皮灰色，枝条暗灰色，无毛，小枝黄褐色，密被短柔毛兼被疏生的长柔毛；坚果卵球形，径0.7～1.5cm，顶端被长柔毛；花期4—5月，果期9月（图3.10.1）。榛的果实是富含维生素和矿物质的坚果，也可用来榨油。野生榛是兼具食用价值和工业生产的植物，具有很高的经济效益。

图3.10.1　榛

适宜分布区 | DISTRIBUTION AREA

　　榛在我国东北地区主要集中在小兴安岭地区、长白山山脉（图3.10.2）。榛的适生区（适生概率≥0.5）主要位于黑河市、伊春市、鹤岗市、七台河市、鸡西市、哈尔滨市、牡丹江市、吉林市、延边朝鲜族自治州、辽源市、铁岭市、抚顺市、本溪市、鞍山市、丹东市和营口市等地区，面积约有15.94万km²，占东北地区总面积的12.58%。最适生区（适宜概率≥0.7）主要位于丹东市、延边朝鲜族自治州、牡丹江市、鸡西市和双鸭山市等地区，面积约为1.14万km²。边缘适生区（适生概率0.3～0.5）主要位于其适生区周围的山地森林区，面积约有22.55万km²（表3.10.1）。

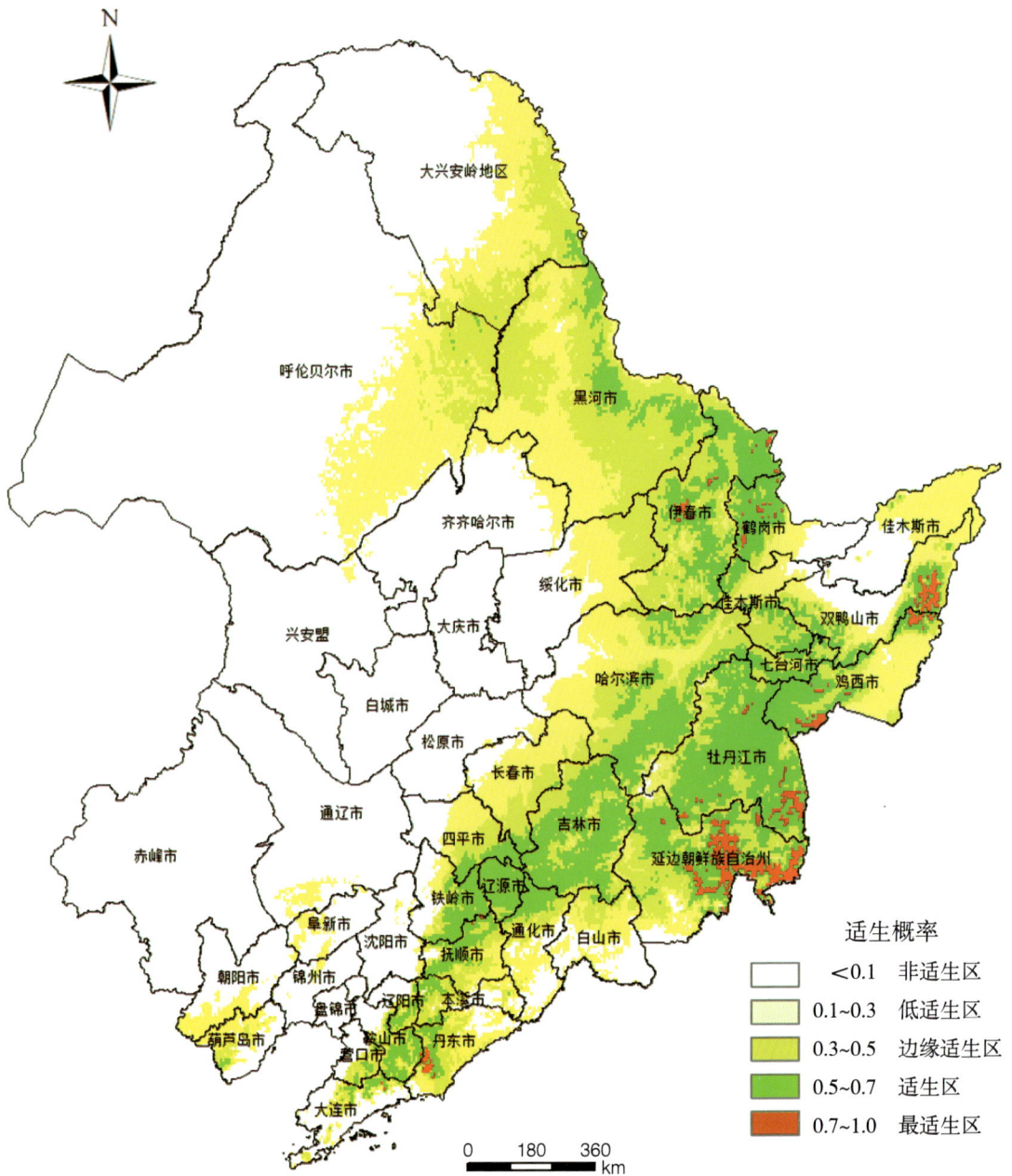

适生概率

	<0.1 非适生区
	0.1~0.3 低适生区
	0.3~0.5 边缘适生区
	0.5~0.7 适生区
	0.7~1.0 最适生区

图3.10.2 东北地区榛的生境适宜性区划

表3.10.1　东北地区榛的适宜分布面积

地区	适生概率							
	0.1~0.3 低适生区		0.3~0.5 边缘适生区		0.5~0.7 适生区		≥ 0.7 最适生区	
	面积	面积比	面积	面积比	面积	面积比	面积	面积比
东北地区	22.55	17.82%	17.73	14.00%	14.80	11.68%	1.14	0.90%
辽宁省	2.90	21.07%	1.79	13.04%	1.70	12.34%	0.06	0.46%
吉林省	3.55	19.33%	3.41	18.61%	4.22	22.99%	0.60	3.28%
黑龙江省	12.16	24.58%	11.49	23.24%	8.86	17.91%	0.48	0.96%
内蒙古东四盟	3.94	8.77%	1.01	2.25%	0.02	0.04%	0.00	0.00%

注：面积比=适生区面积/区域总面积×100%，面积单位：万km²。

影响适宜性的主要环境因子 | ENVIRONMENTAL FACTORS

对榛生境适宜性贡献率5%以上的环境因子依次为最湿季度降水量（28%）、年均降水量（18.5%）、海拔（16.5%）、降水量季节性变化（12.6%）、年均气温（12%），累计贡献率达到87.6%（表3.10.2）。从响应曲线看，榛对年均降水量的需求阈值大于480mm，对年均气温的需求阈值为0~5℃（图3.10.3）。

表3.10.2　对榛生境适宜性贡献率5%以上的环境因子

环境因子	贡献率(%)
最湿季度降水量	28
年均降水量	18.5
海拔	16.5
降水量季节性变化	12.6
年均气温	12

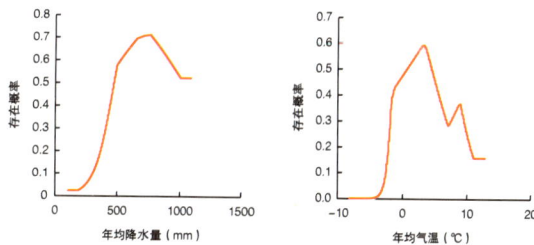

图3.10.3　对榛分布起主要作用的水热相关因子响应曲线

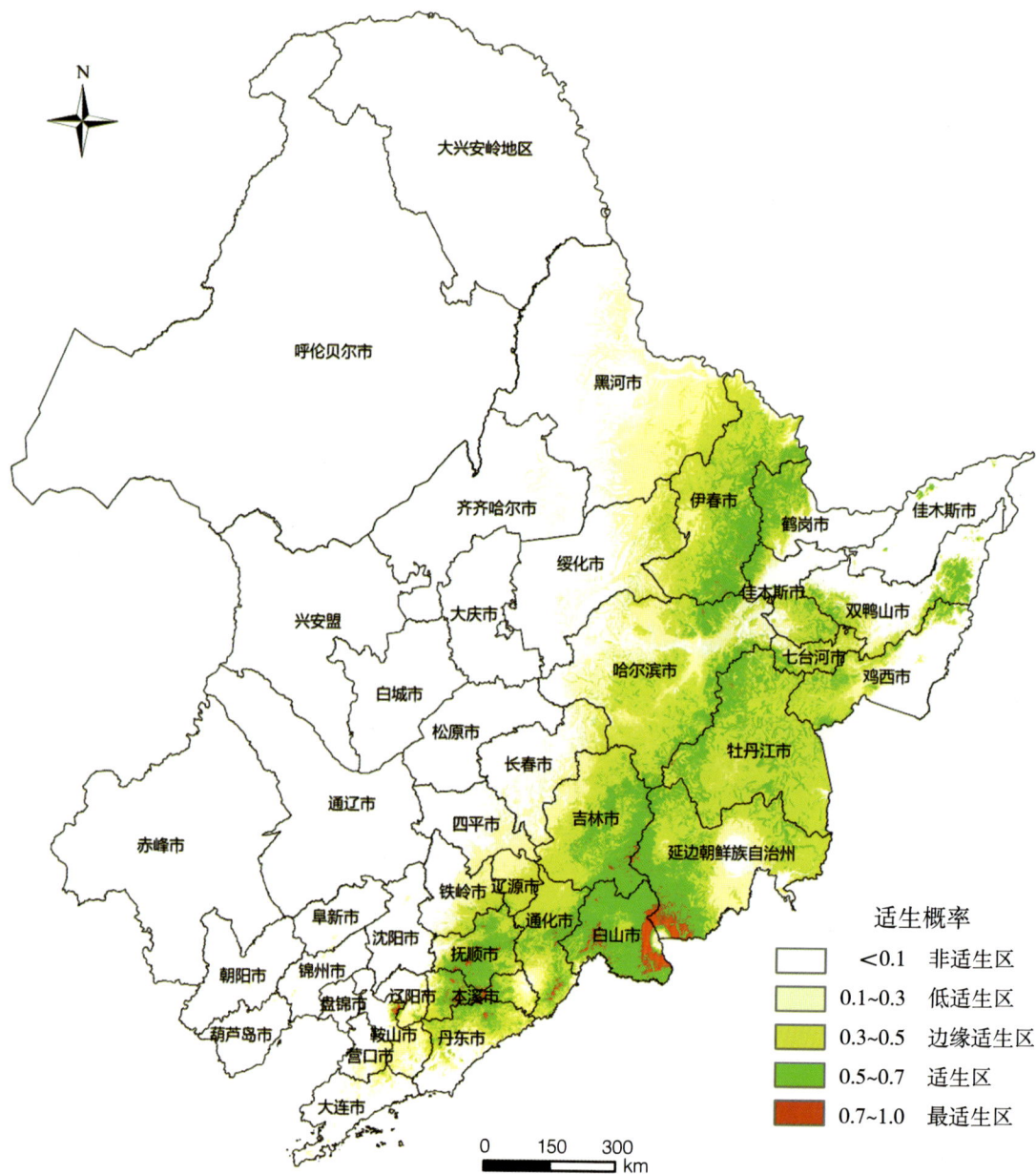

图3.12.2　东北地区刺五加的生境适宜性区划

適生概率

	<0.1	非适生区
	0.1~0.3	低适生区
	0.3~0.5	边缘适生区
	0.5~0.7	适生区
	0.7~1.0	最适生区

表3.12.1　东北地区刺五加的适宜分布面积

地区	适生概率							
	0.1~0.3 低适生区		0.3~0.5 边缘适生区		0.5~0.7 适生区		≥ 0.7 最适生区	
	面积	面积比	面积	面积比	面积	面积比	面积	面积比
东北地区	11.28	9.06%	15.17	12.19%	7.11	5.71%	0.85	0.68%
辽宁省	1.95	13.14%	1.50	10.14%	0.99	6.70%	0.17	1.18%
吉林省	2.80	14.74%	4.54	23.87%	3.41	17.94%	0.57	3.02%
黑龙江省	6.62	14.04%	9.17	19.48%	2.86	6.08%	0.14	0.29%
内蒙古东四盟	0.01	0.01%	0	0	0	0	0	0

注：面积比=适生区面积/区域总面积×100%，面积单位：万km²。

影响适宜性的主要环境因子 ｜ ENVIRONMENTAL FACTORS

对刺五加生境适宜性贡献率5%以上的环境因子依次为年均降水量（50.4%）、海拔（13.6%）、极端低温（8.8%）、土壤类型（7.6%）和年均相对湿度（7%），累计贡献率达到87.4%（表3.12.2）。从响应曲线看，刺五加对年均降水量需求阈值为600～1200mm，对极端低温的需求阈值为-29～35℃，对年均相对湿度的需求阈值为68%～71%（图3.12.3）。

表3.12.2　对刺五加生境适宜性贡献率5%以上的环境因子

环境因子	贡献率(%)
年均降水量	50.4
海拔	13.6
极端低温	8.8
土壤类型	7.6
年均相对湿度	7

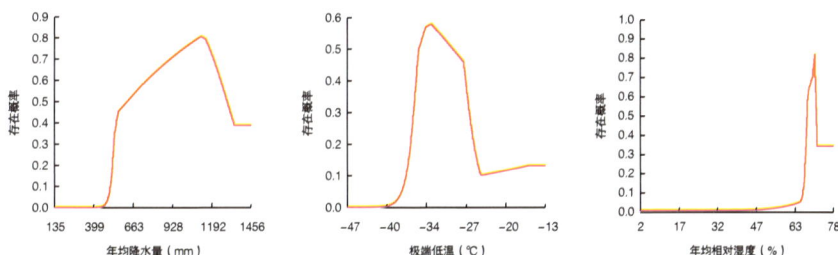

图3.12.3　对刺五加分布起主要作用的水热相关因子响应曲线

13 | 东方草莓 / *Fragaria orientalis*

物种简介 | INTRODUCTION

　　东方草莓为蔷薇科（Rosaceae）草莓属（*Fragaria*）多年生草本植物，又名红颜草莓。株高5～30cm，通常具纤匍枝，被柔毛。花序聚伞状，花瓣白色。三出复叶，小叶几无柄。聚合果半圆形，成熟后紫红色（图3.13.1）。东方草莓的果实质软而多汁，既可鲜食，也可供制果酒、果酱。

图3.13.1　东方草莓

适宜分布区 | DISTRIBUTION AREA

　　东方草莓在我国东北地区主要分布于黑龙江省东部（图3.13.2）。东方草莓的适生区（适生概率≥0.5）主要位于呼伦贝尔市、鹤岗市、佳木斯市、哈尔滨市、七台河市、双鸭山市、鸡西市、牡丹江市、延边朝鲜族自治州、白山市等地区，面积约有10.51万km²，占东北地区总面积的8.45%。最适生区（适生概率≥0.7）主要位于呼伦贝尔市、鹤岗市、佳木斯市、双鸭山市、鸡西市、牡丹江市和白山市等地区，面积约为6.16万km²。边缘适生区（适生概率0.3～0.5）主要位于伊春市、哈尔滨市、延边市等地区，面积约为5.8万km²（表3.13.1）。

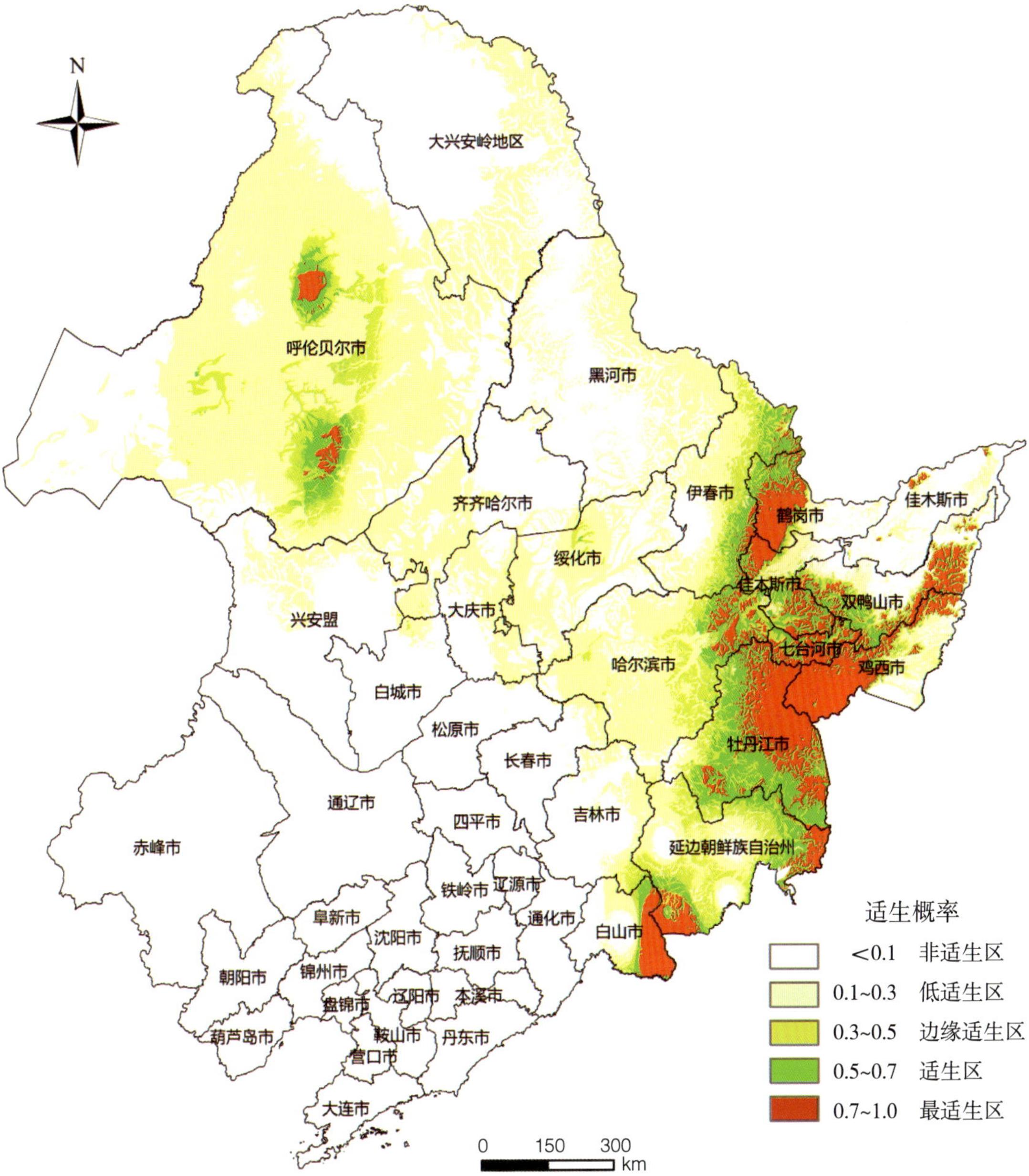

图3.13.2　东北地区东方草莓的生境适宜性区划

表3.13.1 东北地区东方草莓的适宜分布面积

地区	适生概率							
	0.1~0.3 低适生区		0.3~0.5 边缘适生区		0.5~0.7 适生区		≥ 0.7 最适生区	
	面积	面积比	面积	面积比	面积	面积比	面积	面积比
东北地区	36.28	29.15%	5.80	4.66%	4.35	3.50%	6.16	4.95%
辽宁省	0	0	0	0	0	0	0	0
吉林省	3.26	17.17%	1.24	6.53%	0.60	3.17%	0.98	5.18%
黑龙江省	16.91	35.89%	2.78	5.91%	3.10	6.58%	4.77	10.13%
内蒙古东四盟	15.46	35.49%	1.72	3.94%	0.57	1.30%	0.29	0.66%

注：面积比=适生区面积/区域总面积×100%，面积单位：万km²。

影响适宜性的主要环境因子 | ENVIRONMENTAL FACTORS

对东方草莓生境适宜性贡献率5%以上的环境因子依次为4—9月生长季均温（23%）、土壤类型（14.7%）、年均气温（13.6%）、极端低温（13.5%）、年均气压（11.6%）、海拔（8.5%）和年均相对湿度（5%），累计贡献率达到89.9%（表3.13.2）。从响应曲线看，对年均气温需求阈值低于-3℃，对极端低温的需求阈值为-32～-29℃，对年均相对湿度的需求阈值高于68%（图3.13.3）。

表3.13.2 对东方草莓生境适宜性贡献率5%以上的环境因子

环境因子	贡献率(%)
4—9月生长季均温	23
土壤类型	14.7
年均气温	13.6
极端低温	13.5
年均气压	11.6
海拔	8.5
年均相对湿度	5

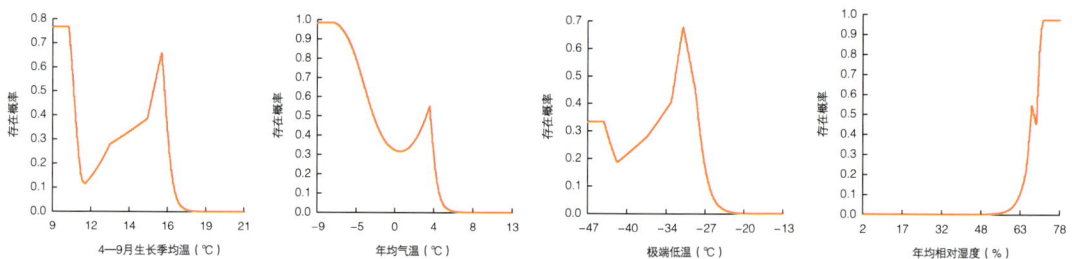

图3.13.3 对东方草莓分布起主要作用的水热相关因子响应曲线

14 | 淫羊藿 | *Epimedium brevicornu*

物种简介 | INTRODUCTION

　　淫羊藿为小檗科（Berberidaceae）淫羊藿属（*Epimedium*）草本植物。花白色或淡黄色，圆锥花序长10～35cm，具20～50朵花；叶为二回三出复叶基生和茎生，具9枚小叶，小叶纸质或厚纸质，卵形或阔卵形；根状茎粗短，木质化，暗棕褐色；蒴果长约1cm，宿存花柱喙状，长2～3mm；花期5—6月，果期6—8月（图3.14.1）。淫羊藿全草可入药，其富含黄酮类、多糖类、生物碱、木脂素等成分，具有抗氧化、抗炎症、抗骨质疏松、抗肿瘤等功效。淫羊藿是临床应用十分广泛的中药材，具有广泛的药用价值。

图3.14.1　淫羊藿

适宜分布区 | DISTRIBUTION AREA

　　淫羊藿在我国东北地区主要分布于辽东地区（图3.14.2）。淫羊藿的适生区（适生概率≥0.5）主要位于抚顺市、本溪市、丹东市等地区，面积约有0.39万km^2，占东北地区总面积的0.31%。最适生区（适生概率≥0.7）主要位于本溪市的中部，面积约有0.09万km^2。边缘适生区（适生概率0.3～0.5）主要位于其适生区周围的山地森林区，面积约有0.67万km^2（表3.14.1）。

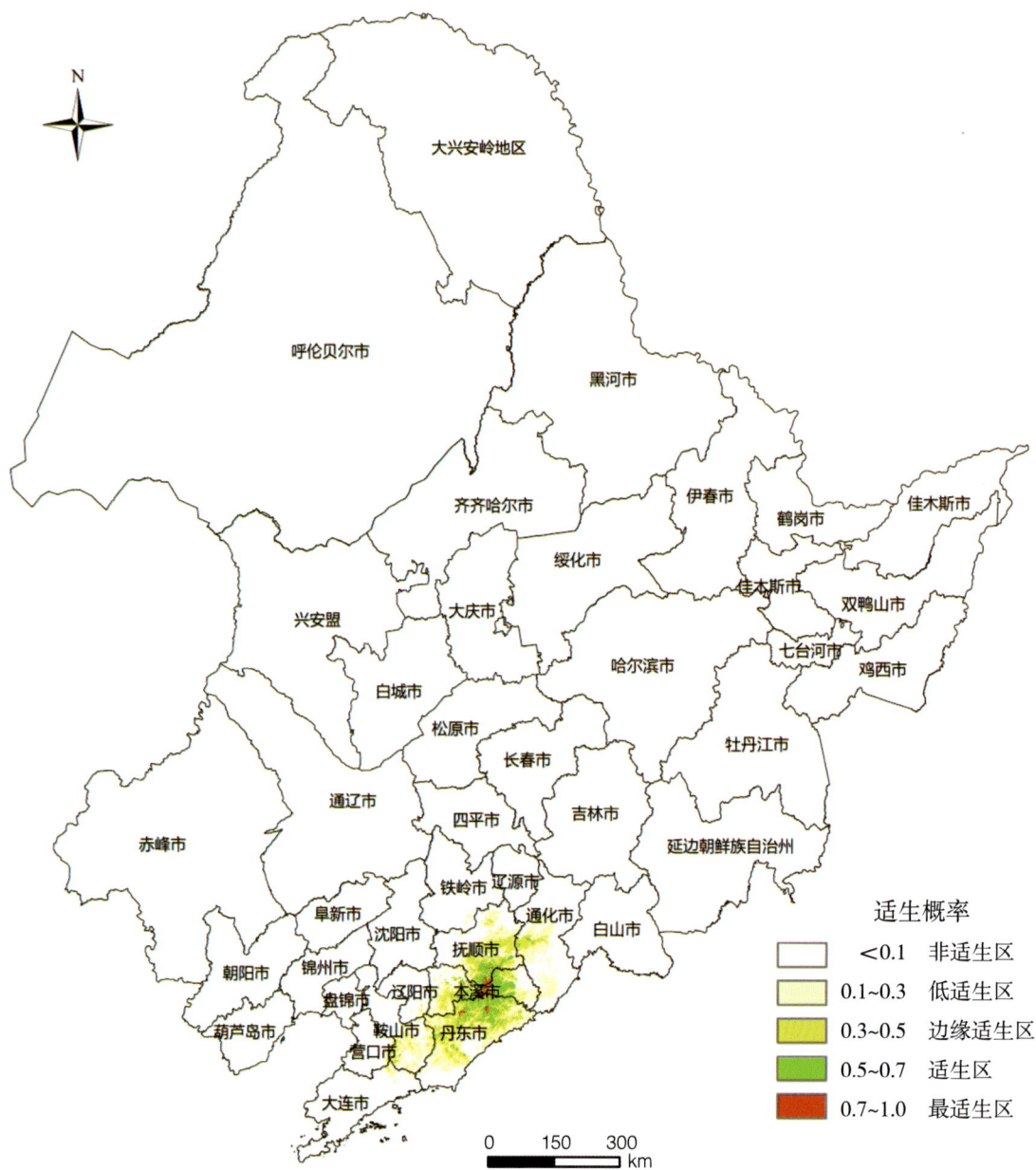

图3.14.2 东北地区淫羊藿的生境适宜性区划

表3.14.1　东北地区淫羊藿的适宜分布面积

地区	适生概率							
	0.1~0.3 低适生区		0.3~0.5 边缘适生区		0.5~0.7 适生区		≥0.7 最适生区	
	面积	面积比	面积	面积比	面积	面积比	面积	面积比
东北地区	1.87	1.50%	0.67	0.54%	0.30	0.24%	0.09	0.07%
辽宁省	1.71	11.56%	0.70	4.70%	0.33	2.22%	0.09	0.64%
吉林省	0.34	1.78%	0.05	0.25%	0.00	0.02%	0.00	0.00%
黑龙江省	0	0	0	0	0	0	0	0
内蒙古东四盟	0	0	0	0	0	0	0	0

注：面积比=适生区面积/区域总面积×100%，面积单位：万km²。

影响适宜性的主要环境因子 | ENVIRONMENTAL FACTORS

对淫羊藿生境适宜性贡献率5%以上的环境因子依次为4—9月生长季降水量（55.1%）、年均降水量（19.2%）和海拔（8.7%），累计贡献率达到83%（表3.14.2）。从响应曲线看，淫羊藿对4—9月生长季降水量的需求阈值为700~800mm，对年均降水量的需求阈值为800~1000mm（图3.14.3）。

表3.14.2　对淫羊藿生境适宜性贡献率5%以上的环境因子

环境因子	贡献率(%)
4—9月生长季降水量	55.1
年均降水量	19.2
海拔	8.7

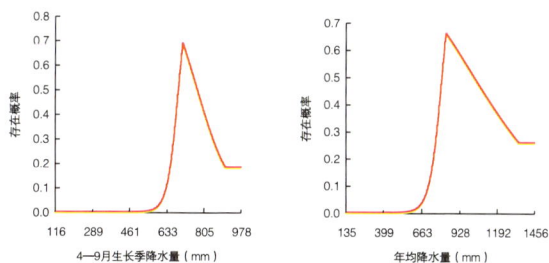

图3.14.3　对淫羊藿分布起主要作用的水热相关因子响应曲线

15 | 平贝母 / *Fritillaria ussuriensis*

物种简介 | INTRODUCTION

平贝母为百合科（Liliaceae）贝母属（*Fritillaria*）草本植物，又名平贝、乌苏里贝母。花紫色，花1~3，具黄色小方格，花柱有乳突；叶轮生或对生，茎生叶达17枚，线形或披针形，先端不卷曲或稍卷曲；鳞茎具2枚鳞片，径1~1.5cm，周围具少数小鳞片；蒴果无翅；花期5—6月，果期6—7月（图3.15.1）。平贝母的鳞茎可入药，有清肺热、止咳化痰等功效。平贝母作为具有药用、观赏等价值的药材，具有良好的经济效益。

图3.15.1　平贝母

适宜分布区 | DISTRIBUTION AREA

平贝母在我国东北地区主要分布于黑龙江省南部（图3.15.2）。平贝母的适生区（适生概率≥0.5）主要位于伊春市、鹤岗市、佳木斯市、双鸭山市、七台河市、鸡西市、哈尔滨市、牡丹江市等地区，面积约有5.2万km²，占东北地区总面积的4.18%。最适生区（适生概率≥0.7）主要位于鹤岗市、双鸭山市和牡丹江市，面积约为0.98万km²。边缘适生区（适生概率0.3~0.5）主要位于伊春市、哈尔滨市、鸡西市、牡丹江市等地区，面积约有5.2万km²（表3.15.1）。

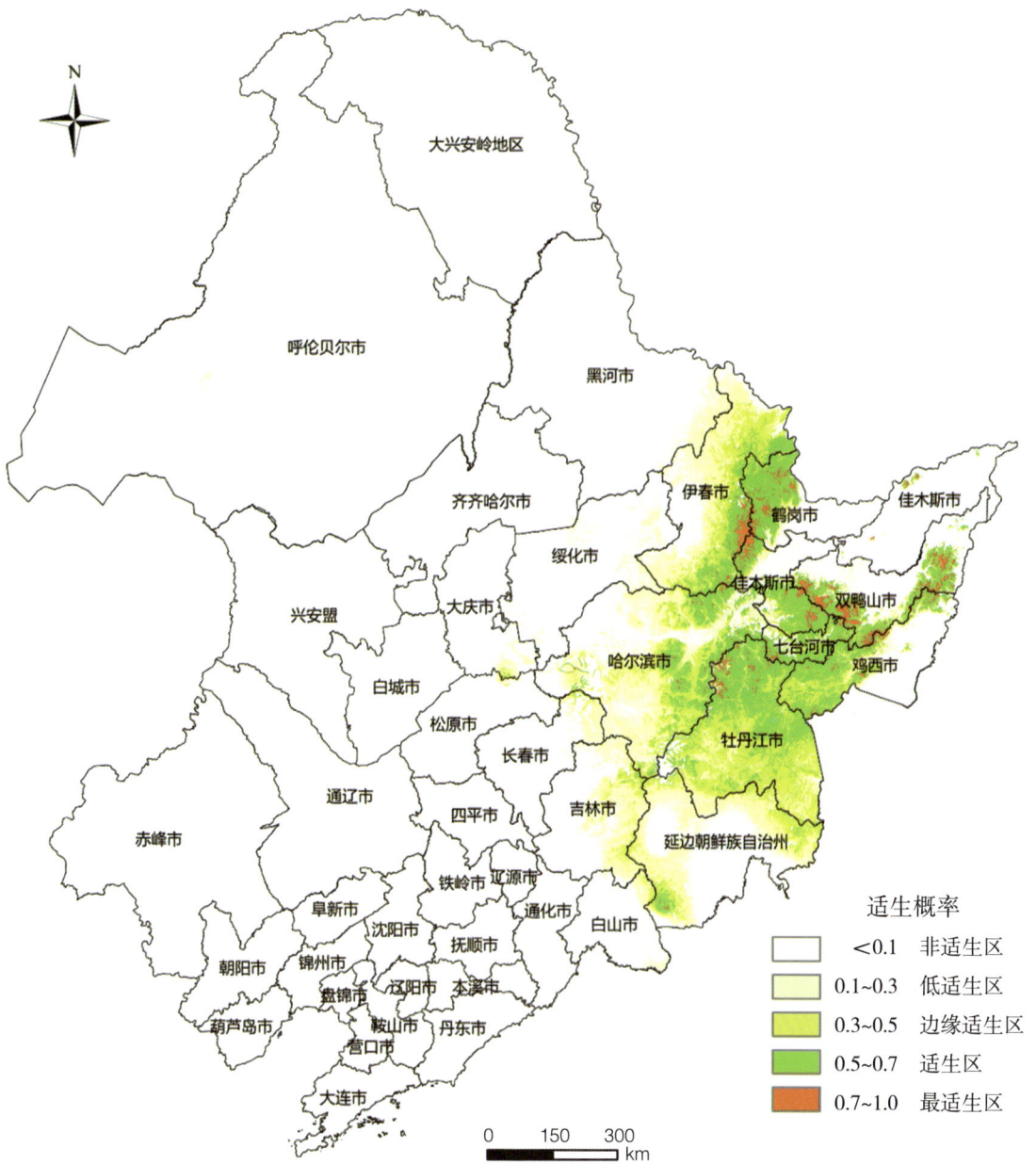

图3.15.2　东北地区平贝母的生境适宜性区划

适生概率

颜色	概率	分区
□	<0.1	非适生区
□	0.1~0.3	低适生区
□	0.3~0.5	边缘适生区
■	0.5~0.7	适生区
■	0.7~1.0	最适生区

表3.15.1　东北地区平贝母的适宜分布面积

| 地区 | 适生概率 | | | | | | | |
| | 0.1~0.3 低适生区 | | 0.3~0.5 边缘适生区 | | 0.5~0.7 适生区 | | ≥ 0.7 最适生区 | |
	面积	面积比	面积	面积比	面积	面积比	面积	面积比
东北地区	8.49	6.82%	5.20	4.18%	4.22	3.39%	0.98	0.79%
辽宁省	0	0	0	0	0	0	0	0
吉林省	2.84	14.95%	0.71	3.74%	0.10	0.51%	0.01	0.04%
黑龙江省	5.58	11.84%	4.38	9.29%	3.99	8.48%	0.94	2.00%
内蒙古东四盟	0.02	0.03%	0	0	0	0	0	0

注：面积比=适生区面积/区域总面积×100%，面积单位：万km²。

影响适宜性的主要环境因子 ｜ ENVIRONMENTAL FACTORS

对平贝母生境适宜性贡献率5%以上的环境因子依次为4—9月生长季均温（19.6%）、土壤类型（17.3%）、年均降水量（12.9%）、极端低温（11.6%）、坡度（9.3%）、年均风速（8.7%）和年均气温（8.1%），累计贡献率达到87.5%（表3.15.2）。从响应曲线看，平贝母对4—9月生长季均温的需求阈值为15~16℃，对年均降水量的需求阈值为530~630mm，对极端低温的需求阈值为-32~-29℃，对年均气温的需求阈值为3~4℃（图3.15.3）。

表3.15.2　对平贝母生境适宜性贡献率5%以上的环境因子

环境因子	贡献率(%)
4—9月生长季均温	19.6
土壤类型	17.3
年均降水量	12.9
极端低温	11.6
坡度	9.3
年均风速	8.7
年均气温	8.1

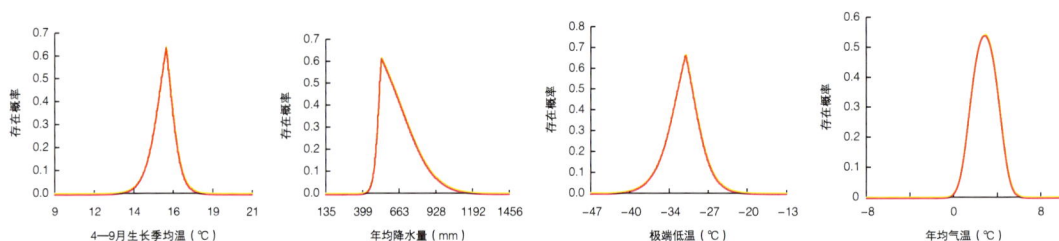

图3.15.3　对平贝母分布起主要作用的水热相关因子响应曲线

16 | 胡桃楸 / *Juglans mandshurica*

物种简介 | **INTRODUCTION**

    胡桃楸为胡桃科（juglandaceae）胡桃属（*Juglans*）乔木，又名山核桃、核桃楸。奇数羽状复叶，雄蕊葇荑花序，果序长10～15cm，俯垂，具5～7果；果球形、卵圆形或椭圆状卵圆形，顶端尖，密被腺毛，长3.5～7.5cm；果核长2.5～5cm，具8纵棱，2条较显著，棱间具不规则皱曲及凹穴，顶端具尖头。花期5—6月，果期8—9月（图3.16.1）。胡桃楸的木材质地细韧，可经受剧烈震动而不易变形；胡桃楸种子含肉蔻酸、棕榈酸、油酸等多种物质，可制得高级食用油。因用途广、经济价值高，胡桃楸成为东北地区具有开发前途的优良干果树种。

图3.16.1　胡桃楸

适宜分布区 | **DISTRIBUTION AREA**

    胡桃楸在我国东北地区主要分布于长白山山脉及其余脉（图3.16.2）。胡桃楸的适生区（适生概率≥0.5）主要位于哈尔滨市、吉林市、延边朝鲜族自治州、白山市、通化市、辽源市、抚顺市、本溪市、辽阳市、丹东市、鞍山市、营口市和葫芦岛市等地区，面积约有9.58万hm²，占东北地区总面积的7.71%；最适生区（适生概率≥0.7）主要位于吉林市、抚顺市和本溪市等地区，面积约有0.89万km²；边缘适生区（适生概率0.3～0.5）主要位于伊春市、鹤岗市、佳木斯市、七台河、鸡西市、牡丹江市和延边市等地区，面积约有13.12万km²（表3.16.1）。

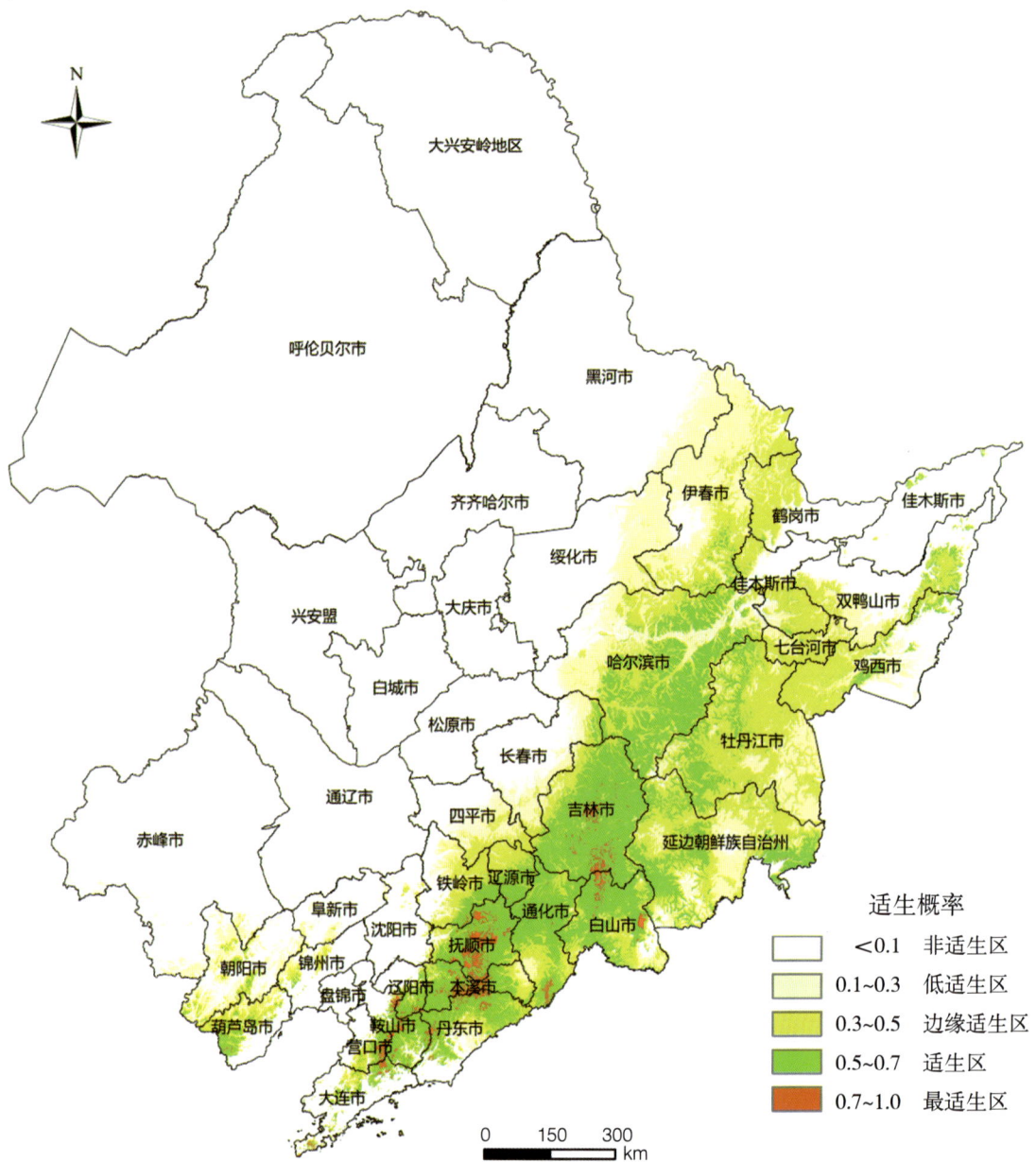

图3.16.2 东北地区胡桃楸的生境适宜性区划

表3.16.1　东北地区胡桃楸的适宜分布面积

地区	适生概率							
	0.1~0.3 低适生区		0.3~0.5 边缘适生区		0.5~0.7 适生区		≥0.7 最适生区	
	面积	面积比	面积	面积比	面积	面积比	面积	面积比
东北地区	13.21	10.62%	13.12	10.54%	8.69	6.99%	0.89	0.72%
辽宁省	2.39	16.17%	2.04	13.81%	2.58	17.42%	0.70	4.70%
吉林省	2.83	14.91%	4.17	21.96%	4.44	23.36%	0.27	1.43%
黑龙江省	7.87	16.71%	7.04	14.94%	2.05	4.35%	0.00	0.01%
内蒙古东四盟	0.21	0.48%	0.01	0.03%	0.00	0.00%	0.00	0.00%

注：面积比=适生区面积/区域总面积×100%，面积单位：万km²。

影响适宜性的主要环境因子 | ENVIRONMENTAL FACTORS

对胡桃楸生境适宜性贡献率5%以上的环境因子依次为年均降水量（39.5%）、土壤类型（15.3%）、极端低温（10.2%）、海拔（9.9%）、4—9月生长季降水量（8.6%），累计贡献率达到83.5%（表3.16.2）。从响应曲线看，胡桃楸对年均降水量的需求阈值为600~1000mm，对4—9月生长季降水量的需求阈值为500~800mm（图3.16.3）。

表3.16.2　对胡桃楸生境适宜性贡献率5%以上的环境因子

环境因子	贡献率(%)
年均降水量	39.5
土壤类型	15.3
极端低温	10.2
海拔	9.9
4—9月生长季降水量	8.6

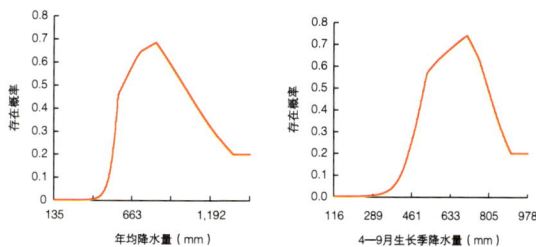

图3.16.3　对胡桃楸分布起主要作用的水热相关因子响应曲线

表3.17.1 东北地区白鲜的适宜分布面积

地区	适生概率							
	0.1~0.3 低适生区		0.3~0.5 边缘适生区		0.5~0.7 适生区		≥0.7 最适生区	
	面积	面积比	面积	面积比	面积	面积比	面积	面积比
东北地区	32.02	25.73%	22.52	18.09%	15.35	12.33%	10.29	8.27%
辽宁省	4.28	28.88%	1.73	11.68%	0.95	6.44%	0.66	4.47%
吉林省	5.14	27.08%	1.66	8.74%	0.78	4.09%	0.61	3.20%
黑龙江省	15.33	32.55%	9.65	20.48%	6.40	13.59%	7.11	15.10%
内蒙古东四盟	15.23	34.96%	9.16	21.03%	5.24	12.03%	3.33	7.65%

注：面积比=适生区面积/区域总面积×100%，面积单位：万km²。

影响适宜性的主要环境因子 | ENVIRONMENTAL FACTORS

对白鲜生境适宜性贡献率5%以上的环境因子依次为（表3.17.2）：坡度（25.4%）、极端高温（16.3%）、4—9月生长季均温（13%）、土壤类型（11.7%）、海拔（10.4%）和极端低温（6.4%），累计贡献率达到83.2%（表3.17.2）。结果说明温度对白鲜的分布起主要作用。从响应曲线看，白鲜对极端高温的需求阈值为33~35℃，对4—9月生长季均温的需求阈值为12~17℃，对极端低温的需求阈值高于-41℃（图3.17.3）。

表3.17.2 对白鲜生境适宜性贡献率5%以上的环境因子

环境因子	贡献率(%)
坡度	25.4
极端高温	16.3
4—9月生长季均温	13
土壤类型	11.7
海拔	10.4
极端低温	6.4

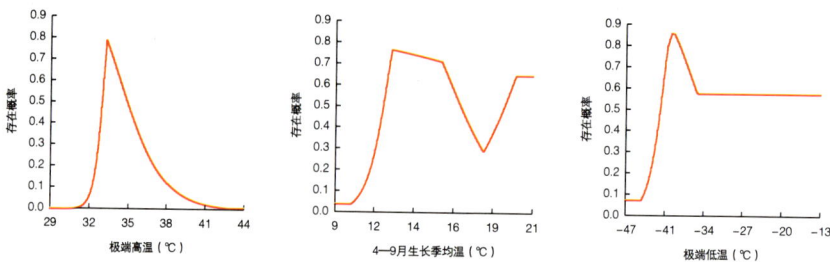

图3.17.3 对白鲜分布起主要作用的水热相关因子响应曲线

18 | 毛百合 / *Lilium pensylvanicum*

物种简介 | INTRODUCTION

毛百合为百合科（Liliaceae）百合属（*Lilium*）多年生宿根球茎草本植物，又名朝鲜百合。毛百合花色鲜艳、1~12朵顶生，花期6—7月，果期8—9月（图3.18.1）。毛百合鳞茎可食用，含有多糖、生物碱、黄酮等活性物质，具有养心安神、养阴润肺、止咳、美容养颜等功效，是重要的药食同源物种。同时，毛百合可作为亚洲百合的抗镰刀菌育种亲本，是重要的野生百合种质资源。

图3.18.1　毛百合

适宜分布区 | DISTRIBUTION AREA

毛百合在我国东北地区主要分布于长白山山脉及其余脉（图3.18.2）。毛百合的适生区（适生概率≥0.5）主要位于赤峰市、呼伦贝尔市、伊春市、鹤岗市、哈尔滨市、佳木斯市、七台河市、双鸭山市、鸡西市、牡丹江市、延边朝鲜族自治州、白山市、吉林市、辽源市、通化市、抚顺市和本溪市等地区，面积约有24.88万km^2，占东北地区总面积的19.99%；最适生区（适生概率≥0.7）主要位于双鸭山市、鸡西市、牡丹江市、延边朝鲜族自治区、吉林市、通化市、辽源市和抚顺市等地区，面积约为14.86万km^2；边缘适生区（适生概率0.3~0.5）主要位于赤峰市、呼伦贝尔市、伊春市、辽阳市、本溪市和丹东市等地区，面积约为17.38万km^2（表3.18.1）。

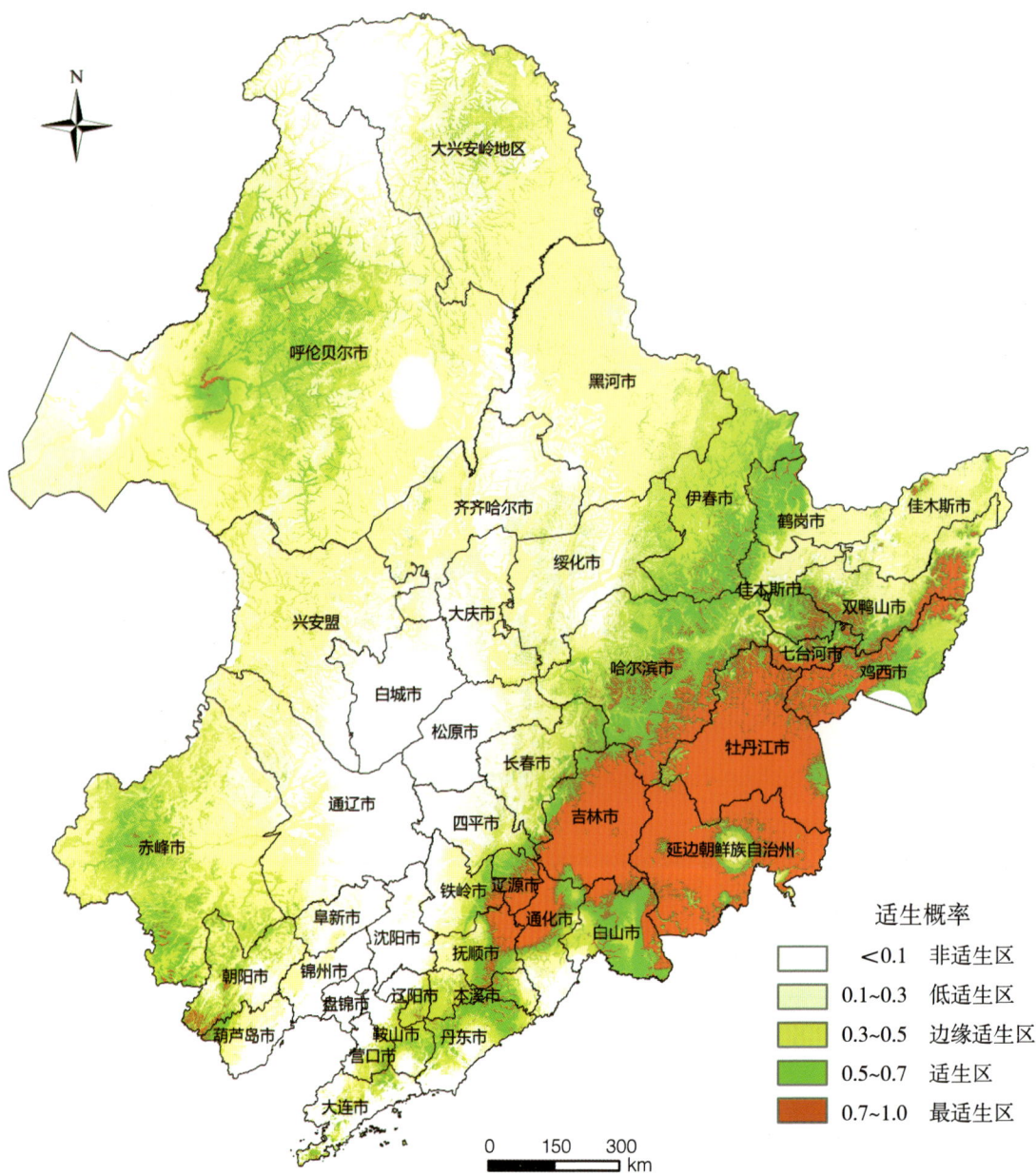

图3.18.2 东北地区毛百合的生境适宜性区划

适生概率

	<0.1 非适生区
	0.1~0.3 低适生区
	0.3~0.5 边缘适生区
	0.5~0.7 适生区
	0.7~1.0 最适生区

表3.18.1 东北地区毛百合的适宜分布面积

地区	适生概率							
	0.1~0.3 低适生区		0.3~0.5 边缘适生区		0.5~0.7 适生区		≥ 0.7 最适生区	
	面积	面积比	面积	面积比	面积	面积比	面积	面积比
东北地区	51.67	41.51%	17.38	13.96%	10.02	8.05%	14.86	11.94%
辽宁省	4.01	27.08%	2.36	15.96%	1.29	8.71%	0.74	5.00%
吉林省	2.28	12.00%	1.45	7.61%	2.00	10.54%	7.33	38.56%
黑龙江省	20.94	44.46%	6.56	13.93%	4.71	10.01%	6.71	14.24%
内蒙古东四盟	23.84	54.74%	6.97	16.00%	2.04	4.68%	0.25	0.58%

注：面积比=适生区面积/区域总面积×100%，面积单位：万km²。

影响适宜性的主要环境因子 | ENVIRONMENTAL FACTORS

对毛百合生境适宜性贡献率5%以上的环境因子依次为年均降水量（41.5%）、土壤类型（9.9%）、极端低温（9.2%）、年均气压（7.9%）、坡度（7.4%）和海拔（6.9%），累计贡献率达到82.8%（表3.18.2）。结果说明降水对毛百合的分布起主要作用。从响应曲线看，毛百合对年均降水量的需求阈值大于550mm，对极端低温的需求阈值为-33～-29℃（图3.18.3）。

表3.18.2 对毛百合生境适宜性贡献率5%以上的环境因子

环境因子	贡献率(%)
年均降水量	41.5
土壤类型	9.9
极端低温	9.2
年均气压	7.9
坡度	7.4
海拔	6.9

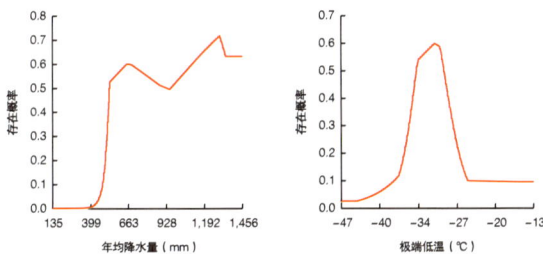

图3.18.3 对毛百合分布起主要作用的水热相关因子响应曲线

物种简介 | INTRODUCTION

蓝果忍冬为忍冬科（Caprifoliaceae）忍冬属（*Lonicera*）灌木，又名阿尔泰忍冬、蓝靛果。花冠黄白色，筒状漏斗形，花药与花冠等长；叶顶端尖或稍钝，基部圆形，厚纸质，两面疏生短硬毛；幼枝有长、短两种硬直糙毛或刚毛，老枝棕色，茎犹如贯穿其中；复果蓝黑色，稍被白粉，椭圆形至准圆状椭圆形，长约1.5cm；花期5—6月，果期8—9月（图3.19.1）。蓝果忍冬的果实中含有花色苷、胡萝卜素、花青素等成分，具有降血压、改善心肌缺血、提升儿童视力、防止皮肤衰老的功效，其果实兼具药用、食用、观赏等多种用途，具有良好的经济价值。

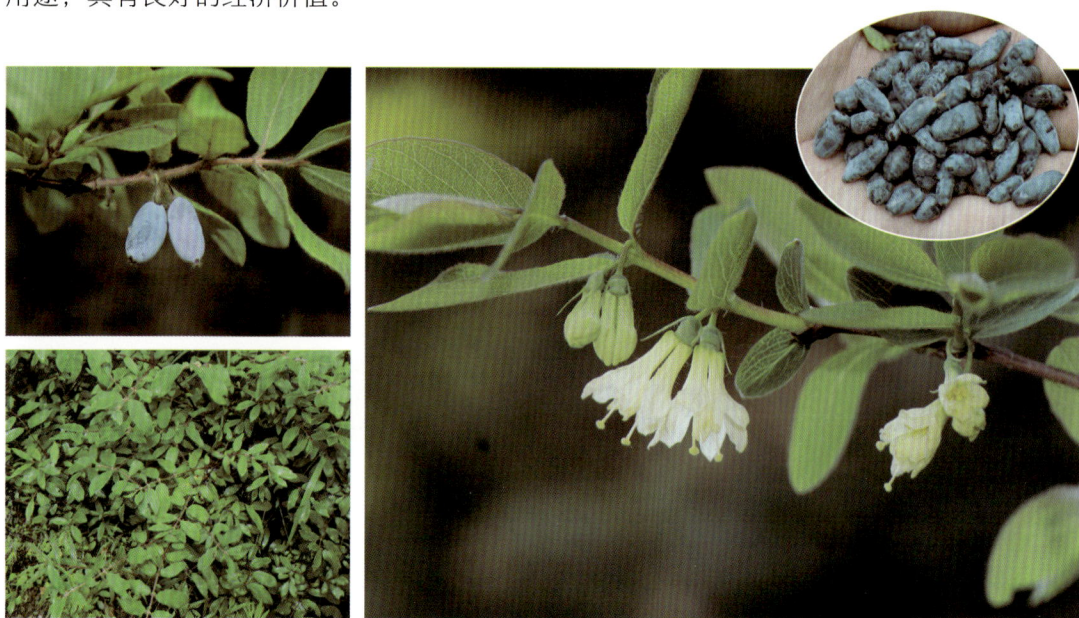

图3.19.1　蓝果忍冬

适宜分布区 | DISTRIBUTION AREA

蓝果忍冬在我国东北地区主要分布于小兴安岭和长白山山脉（图3.19.2）。蓝果忍冬的适生区（适生概率≥0.5）主要位于伊春市、双鸭山市、牡丹江市、延边朝鲜族自治州和白山市等地区，面积约有3.64万km²，占东北地区总面积的2.88%。最适生区（适生概率≥0.7）主要位于双鸭山市、延边朝鲜族自治州和白山市，面积约为1.11万km²。边缘适生区（适生概率0.3~0.5）主要位于大兴安岭地区、呼伦贝尔市、黑河市、伊春市、鹤岗市、佳木斯市、双鸭山市、牡丹江市、延边朝鲜族自治州、白山市和吉林市等，面积约为37.28万km²（表3.19.1）。

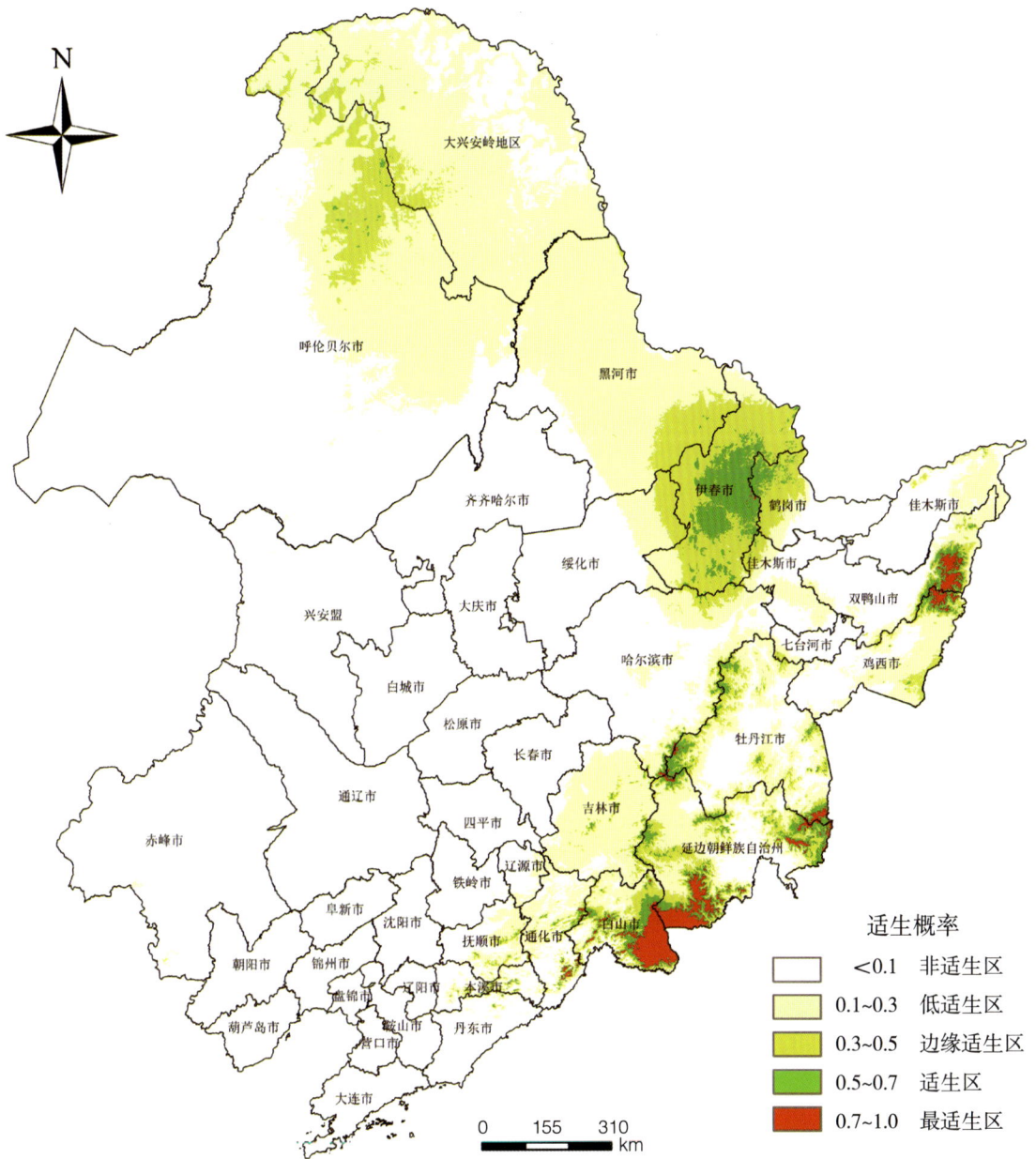

图3.19.2　东北地区蓝果忍冬的生境适宜性区划

表3.19.1　东北地区蓝果忍冬的适宜分布面积

地区	适生概率							
	0.1~0.3 低适生区		0.3~0.5 边缘适生区		0.5~0.7 适生区		≥ 0.7 最适生区	
	面积	面积比	面积	面积比	面积	面积比	面积	面积比
东北地区	37.28	29.45%	7.14	5.64%	3.64	2.88%	1.11	0.88%
辽宁省	0.36	2.67%	0.02	0.13%	0.00	0.01%	0.00	0.00%
吉林省	4.56	24.85%	1.61	8.75%	0.92	4.99%	0.83	4.50%
黑龙江省	22.84	46.17%	5.04	10.19%	2.72	5.51%	0.28	0.57%
内蒙古东四盟	9.51	21.14%	0.47	1.05%	0.00	0.00%	0.00	0.00%

注：面积比=适生区面积/区域总面积×100%，面积单位：万km²。

影响适宜性的主要环境因子 | ENVIRONMENTAL FACTORS

对蓝果忍冬生境适宜性贡献率5%以上的环境因子依次为年均降水量（29.7%）、最暖季平均温度（22.2%）、年均气温（13.1%）、最热月最高温度（11.5%）、最湿季降水量（9.4%），累计贡献率达到85.9%（表3.19.2）。从响应曲线看，蓝果忍冬对年均降水量的需求阈值为625~925mm，对年均气温的需求阈值为-2~2.5℃（图3.19.3）。

表3.19.2　对蓝果忍冬生境适宜性贡献率5%以上的环境因子

环境因子	贡献率(%)
年均降水量	29.7
最暖季平均温度	22.2
年均气温	13.1
最热月最高温度	11.5
最湿季降水量	9.4

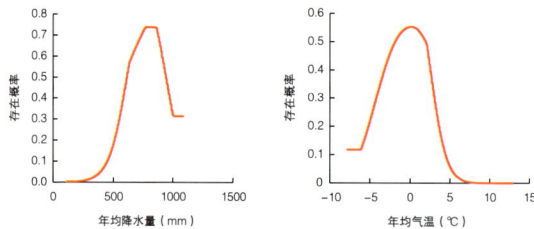

图3.19.3　对蓝果忍冬分布起主要作用的水热相关因子响应曲线

物种简介 | INTRODUCTION

　　鹿药为天门冬科（Asparagaceae）舞鹤草属（*Maianthemum*）草本植物，又名白窝儿七、日本舞鹤草。花单生，白色，花被片分离或仅基部稍合生，长圆形或长圆状倒卵形，具10～20花；叶卵状椭圆形、椭圆形或长圆形，两面疏被粗毛或近无毛；根状茎横走，多少圆柱状，有时具膨大结节；浆果近球形，径5～6mm，成熟时红色，具1～2种子；花期5—6月，果期8—9月（图3.20.1）。鹿药的根及根茎富含氨基酸，并含有多种黄酮类化合物和皂苷类物质，具有补气益肾、祛风除湿和活血调经的功效，鹿药是兼具药用、食用、观赏等价值的药材，具有良好的经济效益。

图3.20.1　鹿药

适宜分布区 | DISTRIBUTION AREA

　　鹿药在我国东北地区主要分布于小兴安岭和长白山山脉（图3.20.2）。鹿药的适生区（适生概率≥0.5）主要位于伊春市、鹤岗市、佳木斯市、七台河市、鸡西市、哈尔滨市、牡丹江市、吉林市、延边朝鲜族朝鲜族自治州和白山市等地区，面积约有14.3万km²，占东北地区总面积的11.49%。最适生区（适生概率≥0.7）主要位于哈尔滨市和吉林市等地区，面积约有1.52万km²。边缘适生区（适生概率0.3～0.5）主要位于大兴安岭地区、伊春市、牡丹江市、延边朝鲜族自治州、通化市、抚顺市、本溪市、丹东市和朝阳市等地区，面积约有12.91万km²（表3.20.1）。

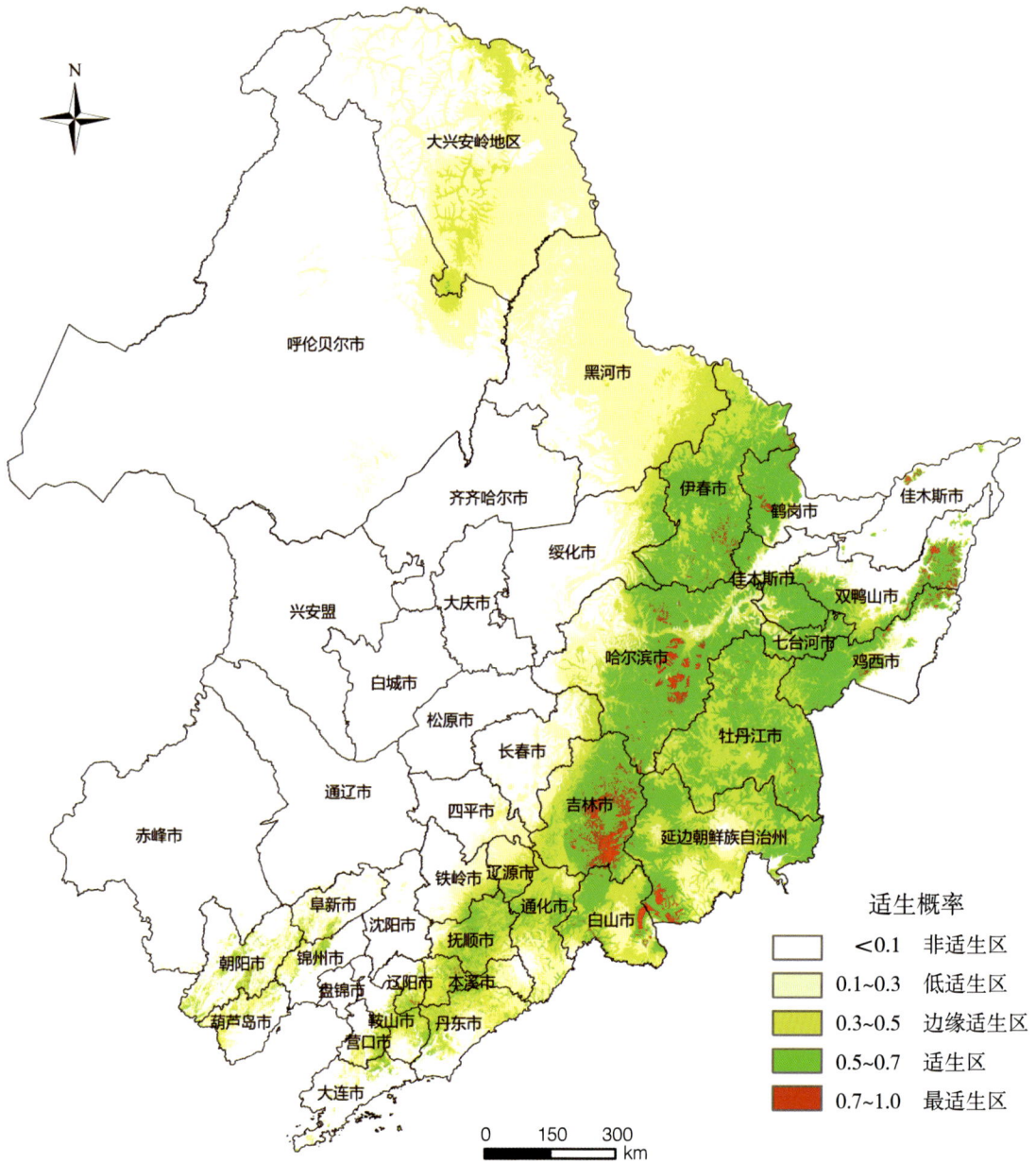

图3.20.2 东北地区鹿药的生境适宜性区划

表3.20.1　东北地区鹿药的适宜分布面积

地区	适生概率							
	0.1~0.3 低适生区		0.3~0.5 边缘适生区		0.5~0.7 适生区		≥ 0.7 最适生区	
	面积	面积比	面积	面积比	面积	面积比	面积	面积比
东北地区	19.93	16.01%	12.91	10.38%	12.78	10.27%	1.52	1.22%
辽宁省	3.43	23.18%	2.00	13.48%	0.74	4.98%	0.10	0.66%
吉林省	3.50	18.43%	4.64	24.40%	1.52	8.03%	0.77	4.08%
黑龙江省	12.01	25.49%	6.82	14.48%	8.64	18.35%	0.74	1.57%
内蒙古东四盟	1.38	3.17%	0.09	0.20%	0	0	0	0

注：面积比=适生区面积/区域总面积×100%，面积单位：万km²。

影响适宜性的主要环境因子 ｜ ENVIRONMENTAL FACTORS

对鹿药生境适宜性贡献率5%以上的环境因子依次为年均降水量（41.7%）、土壤类型（14.3%）、海拔（11.6%）、年均相对湿度（10.7%）和日照时数（6.9%），累计贡献率达到85.2%（表3.20.2）。从响应曲线看，鹿药对年均降水量的需求阈值为500～900mm，对年均相对湿度的需求阈值为67%～71%（图3.20.3）。

表3.20.2　对鹿药生境适宜性贡献率5%以上的环境因子

环境因子	贡献率(%)
年均降水量	41.7
土壤类型	14.3
海拔	11.6
年均相对湿度	10.7
日照时数	6.9

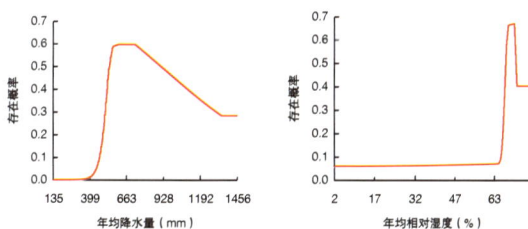

图3.20.3　对鹿药分布起主要作用的水热相关因子响应曲线

21 | 山荆子 / *Malus baccata*

物种简介 | INTRODUCTION

山荆子为蔷薇科（Rosaceae）苹果属（*Malus*）乔木，又名山丁子、林荆子。树高可达14m；花白色，倒卵形，花4～6组成伞形花序，无花序梗；叶椭圆形或卵形，长3～8cm，边缘有细锐锯齿；幼枝细弱，微屈曲，圆柱形，无毛，红褐色，老枝暗褐色；果近球形，红或黄色，柄洼及萼洼稍微陷入，果柄长3～4cm；花期4—6月，果期9—10月（图3.21.1）。山荆子耐寒、结果早且丰产，可用作苹果和花红等砧木，山荆子是兼具观赏、改良等功能的树种，具有良好的生产效益。

图3.21.1 山荆子

适宜分布区 | DISTRIBUTION AREA

山荆子在我国东北地区主要分布于长白山山脉（图3.21.2）。山荆子的适生区（适生概率≥0.5）主要位于赤峰市、伊春市、鹤岗市、佳木斯市、双鸭山市、七台河市、鸡西市、哈尔滨市、牡丹江市、长春市、吉林市、延边朝鲜族自治州、白山市、辽源市、通化市、铁岭市、抚顺市、本溪市、辽阳市、丹东市和鞍山市等地区，面积约有24.39万km²，占东北地区总面积的19.6%。最适生区（适生概率≥0.7）主要位于赤峰市、鹤岗市、佳木斯市、双鸭山市、七台河市、鸡西市、哈尔滨市、牡丹江市、吉林市、延边朝鲜族自治州、辽源市、通化市和辽阳市等地区，面积约为13.7万km²。边缘适生区（适生概率0.3～0.5）主要位于赤峰市、兴安盟、呼伦贝尔市、伊春市、长春市、白山市、通化市、本溪市、丹东市和阜新市等地区，面积约有17.03万km²（表3.21.1）。

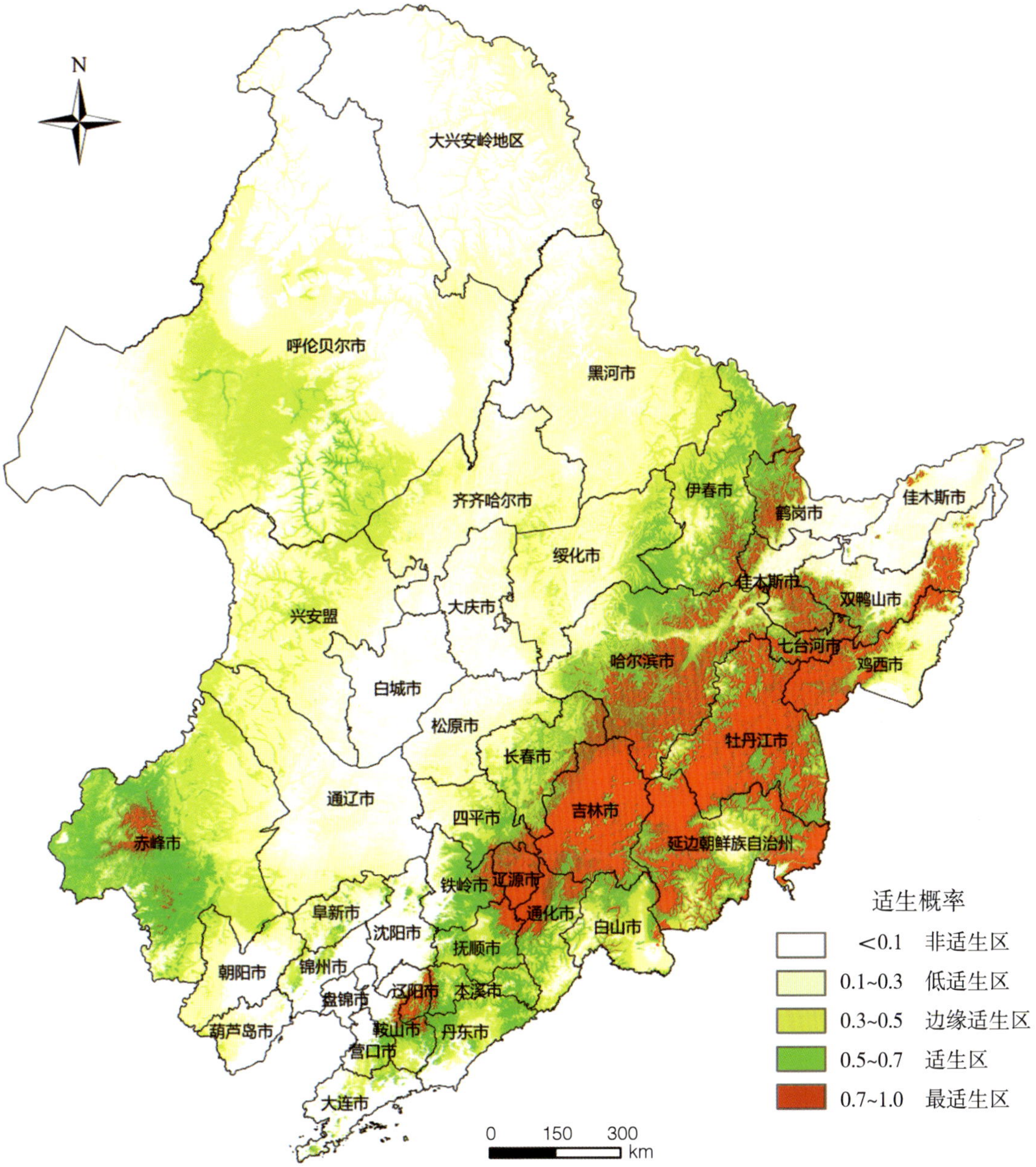

图3.21.2　东北地区山荆子的生境适宜性区划

表3.21.1 东北地区山荆子的适宜分布面积

地区	适生概率							
	0.1~0.3 低适生区		0.3~0.5 边缘适生区		0.5~0.7 适生区		≥ 0.7 最适生区	
	面积	面积比	面积	面积比	面积	面积比	面积	面积比
东北地区	41.90	33.66%	17.03	13.68%	10.69	8.59%	13.70	11.01%
辽宁省	3.55	23.98%	2.56	17.28%	1.76	11.88%	0.67	4.50%
吉林省	3.99	21.03%	2.85	15.00%	2.59	13.63%	5.61	29.51%
黑龙江省	15.84	33.63%	4.75	10.07%	4.38	9.29%	7.09	15.04%
内蒙古东四盟	18.21	41.80%	6.98	16.03%	2.07	4.76%	0.41	0.95%

注：面积比=适生区面积/区域总面积×100%，面积单位：万km²。

影响适宜性的主要环境因子 | ENVIRONMENTAL FACTORS

对山荆子生境适宜性贡献率5%以上的环境因子依次为极端低温（17.2%）、日照时数（15.7%）、海拔（15.4%）、土壤类型（12.2%）、坡度（11.6%）、年均气压（8.1%）、年均降水量（7.9%）和年均风速（5.1%），累计贡献率达到93.2%（表3.21.2）。从响应曲线看，山荆子对极端低温的需求阈值为-35～-25℃（图3.21.3）。

表3.21.2 对山荆子生境适宜性贡献率5%以上的环境因子

环境因子	贡献率(%)
极端低温	17.2
日照时数	15.7
海拔	15.4
土壤类型	12.2
坡度	11.6
年均气压	8.1
年均降水量	7.9
年均风速	5.1

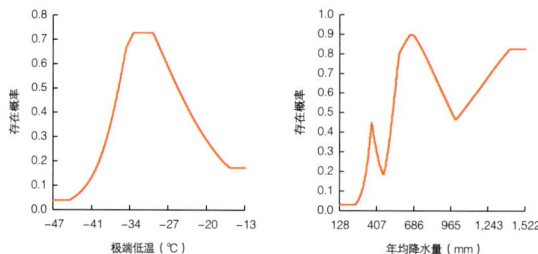

图3.21.3 对山荆子分布起主要作用的水热相关因子响应曲线

物种简介 | INTRODUCTION

荚果蕨为球子蕨科（Onocleaceae）荚果蕨属（*Matteuccia*）草本植物，俗名为小叶贯众、黄瓜香。株高可达0.8~1m，根状茎直生，叶簇生，叶二型，营养叶的叶柄基部有被鳞片，叶片薄革质，呈倒披针形，叶两边缘向下反卷成有节的荚果状，内包有囊群，孢子囊成熟后呈线形（图3.22.1）。荚果蕨株形优美，秀丽典雅，多作观赏植物；嫩叶可食，能散发出诱人的黄瓜清香味，是上好的山野菜；其根状茎富含丁二酸、D-甘露糖醇，具有清热解毒、杀虫止血的功效。因其具有良好的观赏、食用、药用价值，是林下经济植物，也是用于林区产业结构和美化绿化园林的重要物种。

图3.22.1 荚果蕨

适宜分布区 | DISTRIBUTION AREA

荚果蕨在我国东北地区主要分布于张广才岭、长白山山脉森林区（图3.22.2）。荚果蕨的适生区（适生概率≥0.5）主要位于哈尔滨市、吉林市、延边朝鲜族自治州和白山市等地区，面积约有3.19万km^2，占东北地区总面积的3.18%。最适生区（适生概率≥0.7）主要位于延边朝鲜族自治州和白山市等地区，面积约为0.73万km^2。边缘适生区（适生概率0.3~0.5）主要位于哈尔滨市、牡丹江市、吉林市、延边朝鲜族自治区和辽源市等地区，约为5.63万km^2（表3.22.1）。

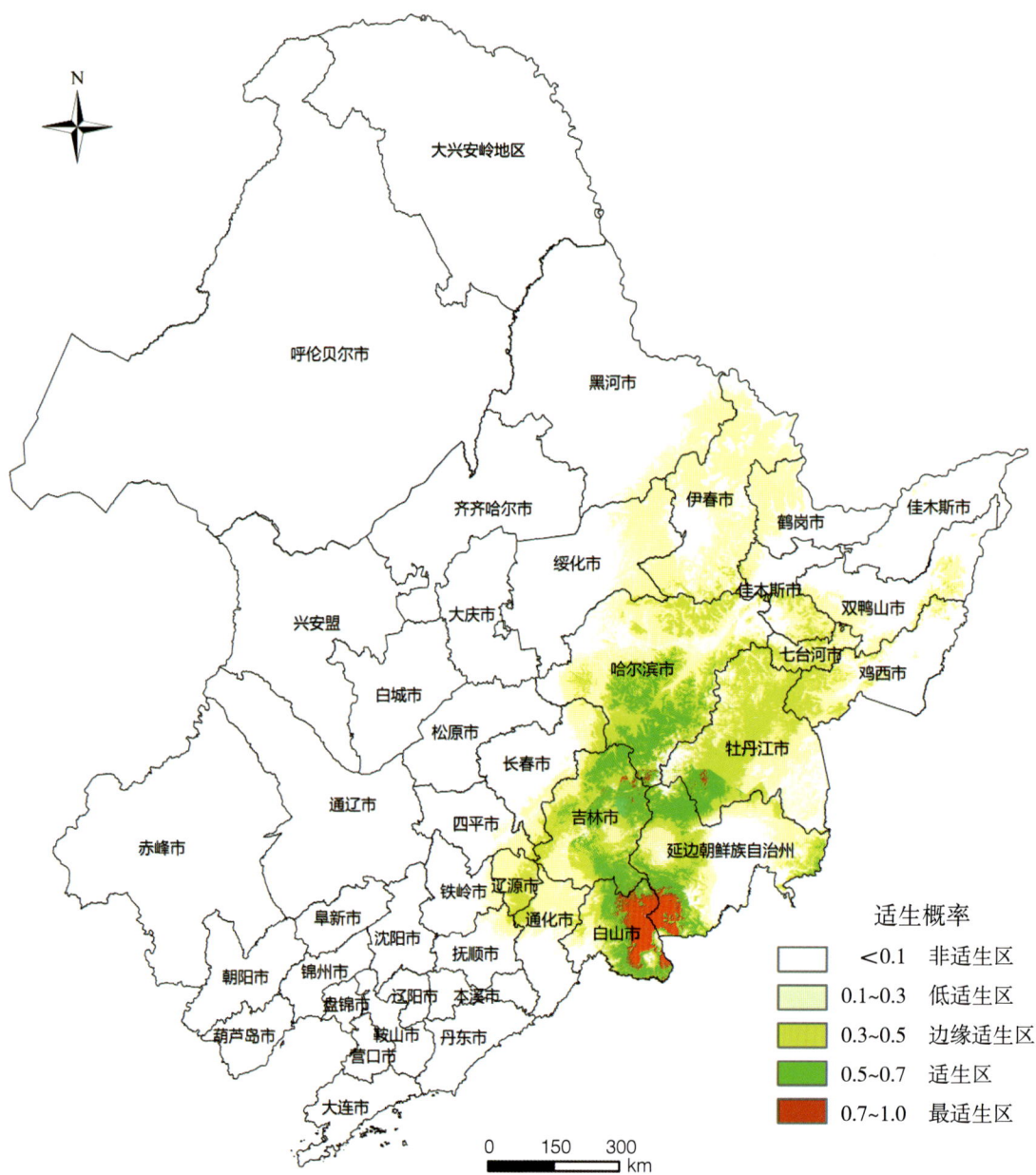

图3.22.2 东北地区荚果蕨的生境适宜性区划

表3.22.1 东北地区荚果蕨的适宜分布面积

地区	适生概率							
	0.1~0.3 低适生区		0.3~0.5 边缘适生区		0.5~0.7 适生区		≥0.7 最适生区	
	面积	面积比	面积	面积比	面积	面积比	面积	面积比
东北地区	13.95	11.20%	5.63	4.52%	2.45	1.97%	0.73	0.59%
辽宁省	0.30	2.02%	0.01	0.08%	0	0	0	0
吉林省	4.00	21.08%	2.48	13.05%	1.66	8.72%	0.73	3.83%
黑龙江省	9.54	20.24%	3.14	6.67%	0.84	1.79%	0.04	0.08%
内蒙古东四盟	0	0	0	0	0	0	0	0

注：面积比=适生区面积/区域总面积×100%，面积单位：万km²。

影响适宜性的主要环境因子 | ENVIRONMENTAL FACTORS

对荚果蕨生境适宜性贡献率达5%以上的环境因子依次为：年均相对湿度（28.3%）、年均降水量（28.2%）、土壤类型（8.7%）、年均气温（8.2%）、极端高温（7%）和海拔（5.5%），累计贡献率达到85.9%（表3.22.2）。结果说明降水对荚果蕨的分布起主要作用。从响应曲线看，荚果蕨对年均相对湿度的需求阈值高于69%，对年均降水量的需求阈值为600~1500mm，对年均气温的需求阈值低于-1℃，对极端高温的需求阈值低于33℃（图3.22.3）。

表3.22.2 对荚果蕨生境适宜性贡献率5%以上的环境因子

环境因子	贡献率(%)
年均相对湿度	28.3
年均降水量	28.2
土壤类型	8.7
年均气温	8.2
极端高温	7
海拔	5.5

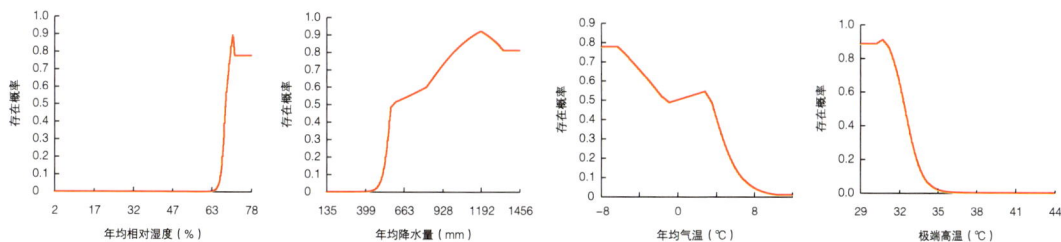

图3.22.3 对荚果蕨分布起主要作用的水热相关因子响应曲线

23 | 桂皮紫萁 / *Osmundastrum cinnamomeum*

物种简介 | INTRODUCTION

　　桂皮紫萁为紫萁科（Osmundaceae）桂皮紫萁属（*Osmundastrum*）蕨类植物，又称分株紫萁，俗称牛毛广，商品名为薇菜。植株高0.5～1m；根状茎短粗直立，叶二型，干后为淡棕色，能育叶下面密被暗棕色孢子囊（图3.23.1）。桂皮紫萁富含氨基酸和多种微量元素，作为山野菜市场的宠儿，一直是大量采摘的对象，野生资源日趋减少。

图3.23.1　桂皮紫萁

适宜分布区 | DISTRIBUTION AREA

　　桂皮紫萁在我国东北地区主要分布于长白山山脉及其余脉（图3.23.2）。桂皮紫萁的适生区（适生概率≥0.5）主要位于吉林省的吉林市、通化市、白山市和延边朝鲜族自治州，辽宁省的抚顺市和丹东市，面积约有1.54万km^2，占东北地区总面积的1.24%；最适生区（适生概率≥0.7）主要位于长白山及其余脉的森林分布区范围内，面积约为0.48万km^2；边缘适生区（适生概率0.3～0.5）主要位于适生区边缘的山地森林区（表3.23.1）。

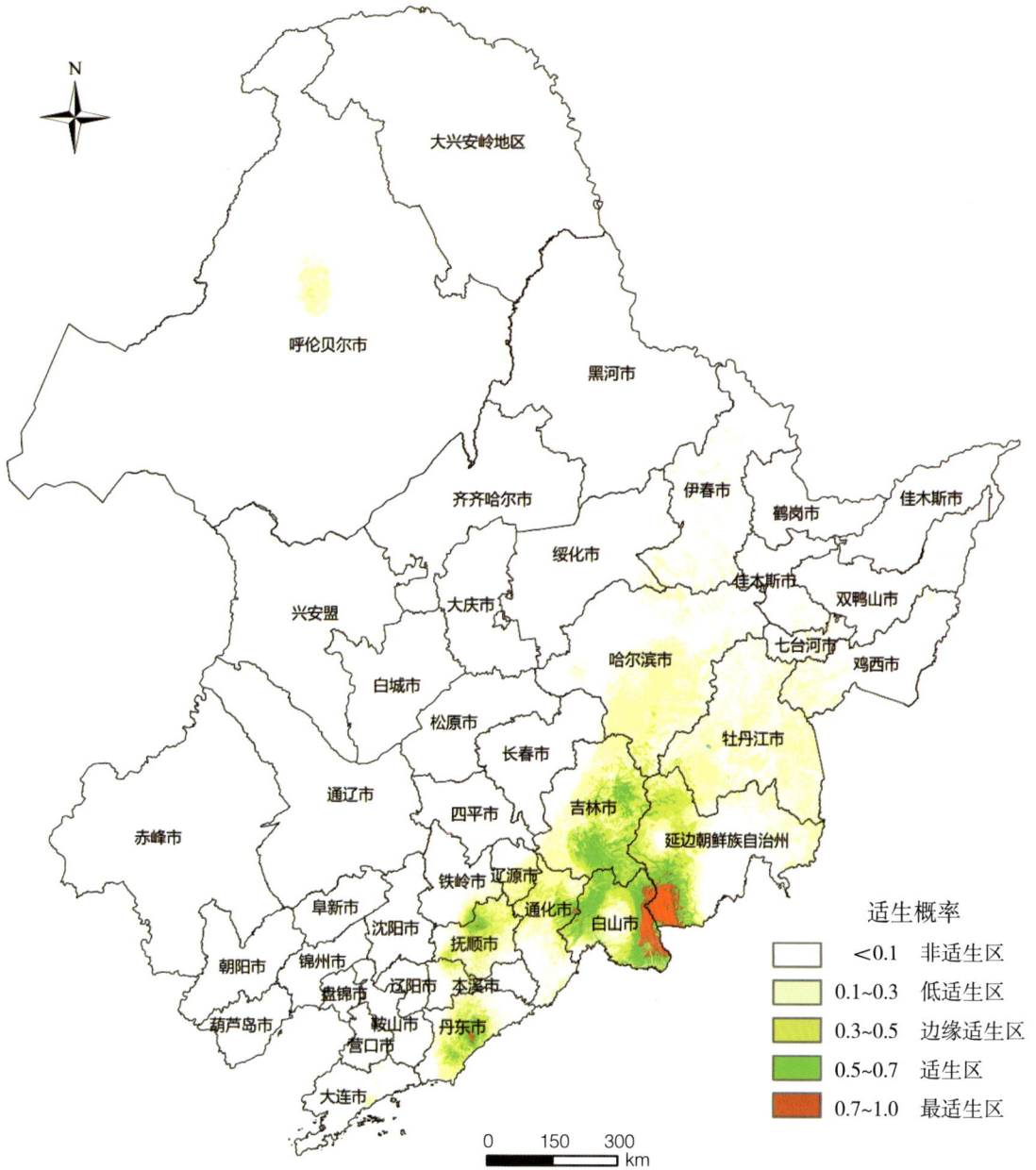

图3.23.2 东北地区桂皮紫萁的生境适宜性区划

表3.23.1　东北地区桂皮紫萁的适宜分布面积

地区	适生概率							
	0.1~0.3 低适生区		0.3~0.5 边缘适生区		0.5~0.7 适生区		≥0.7 最适生区	
	面积	面积比	面积	面积比	面积	面积比	面积	面积比
东北地区	9.63	7.73%	2.30	1.85%	1.06	0.85%	0.48	0.39%
辽宁省	1.36	9.21%	0.48	3.21%	0.13	0.87%	0.03	0.17%
吉林省	3.67	19.31%	1.89	9.96%	0.99	5.21%	0.48	2.52%
黑龙江省	4.49	9.54%	0.06	0.13%	0	0	0	0
内蒙古东四盟	0.24	0.55%	0	0	0	0	0	0

注：面积比=适生区面积/区域总面积×100%，面积单位：万km²。

影响适宜性的主要环境因子 | ENVIRONMENTAL FACTORS

对桂皮紫萁生境适宜性贡献率5%以上的环境因子依次为年均相对湿度（64.2%）和年均降水量（22.1%），累计贡献率达到86.3%（表3.23.2）。桂皮紫萁对湿度和降水的依赖性最大，从响应曲线看，桂皮紫萁对年均相对湿度的需求阈值大于69%，对年均降水量的需求阈值大于750mm（图3.23.3）。

表3.23.2　对桂皮紫萁生境适宜性贡献率5%以上的环境因子

环境因子	贡献率(%)
年均相对湿度	64.2
年均降水量	22.1

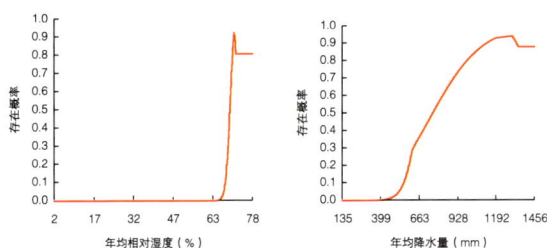

图3.23.3　对桂皮紫萁分布起主要作用的水热相关因子响应曲线

物种简介 | **INTRODUCTION**

　　山芹为伞形科（Apiaceae）山芹属（*Ostericum*）草本植物，又名山芹菜、山芹独活。花白色，花瓣长圆形，基部渐狭，复伞形花序；叶片轮廓为三角形，末回裂片菱状卵形至卵状披针形急尖至渐尖；主根粗短，有2~3分枝，黄褐色至棕褐色；茎直立，中空，有较深的沟纹，光滑或基部稍有短柔毛；双悬果长圆形至卵形，成熟时黄色；花期8—9月，果期9—10月（图3.24.1）。山芹根可入药，主治风湿痹痛、腰膝酸痛、感冒头痛、痈疮肿痛等症，幼苗可做春季野菜。山芹兼具药用、食用价值，具有良好的经济效益。

图3.24.1　山芹

适宜分布区 | **DISTRIBUTION AREA**

　　山芹在我国东北地区集中分布于辽宁东南、西南地区及长白山山脉（图3.24.2）。山芹的适生区（适宜概率≥0.5）主要位于鸡西市、牡丹江市、延边朝鲜族自治州、吉林市、白山市、通化市、抚顺市、本溪市、丹东市、鞍山市、抚顺市、辽阳市、营口市、大连市、朝阳市、葫芦岛市和赤峰市等地区，面积约有9.47万km²，占东北地区总面积的7.47%。最适生区（适宜概率≥0.7）主要位于延边朝鲜族自治州、通化市、抚顺市、本溪市、辽阳市、鞍山市、丹东市、营口市、大连市、朝阳市和葫芦岛市等地区，面积约为2.64万km²。边缘适生区（适生概率0.3~0.5）主要位于鸡西市、牡丹江市、七台河市、哈尔滨市、长春市、吉林市、延边朝鲜族自治州、辽源市、四平市、铁岭市和赤峰市等地区，面积约有15.1万km²（表3.24.1）。

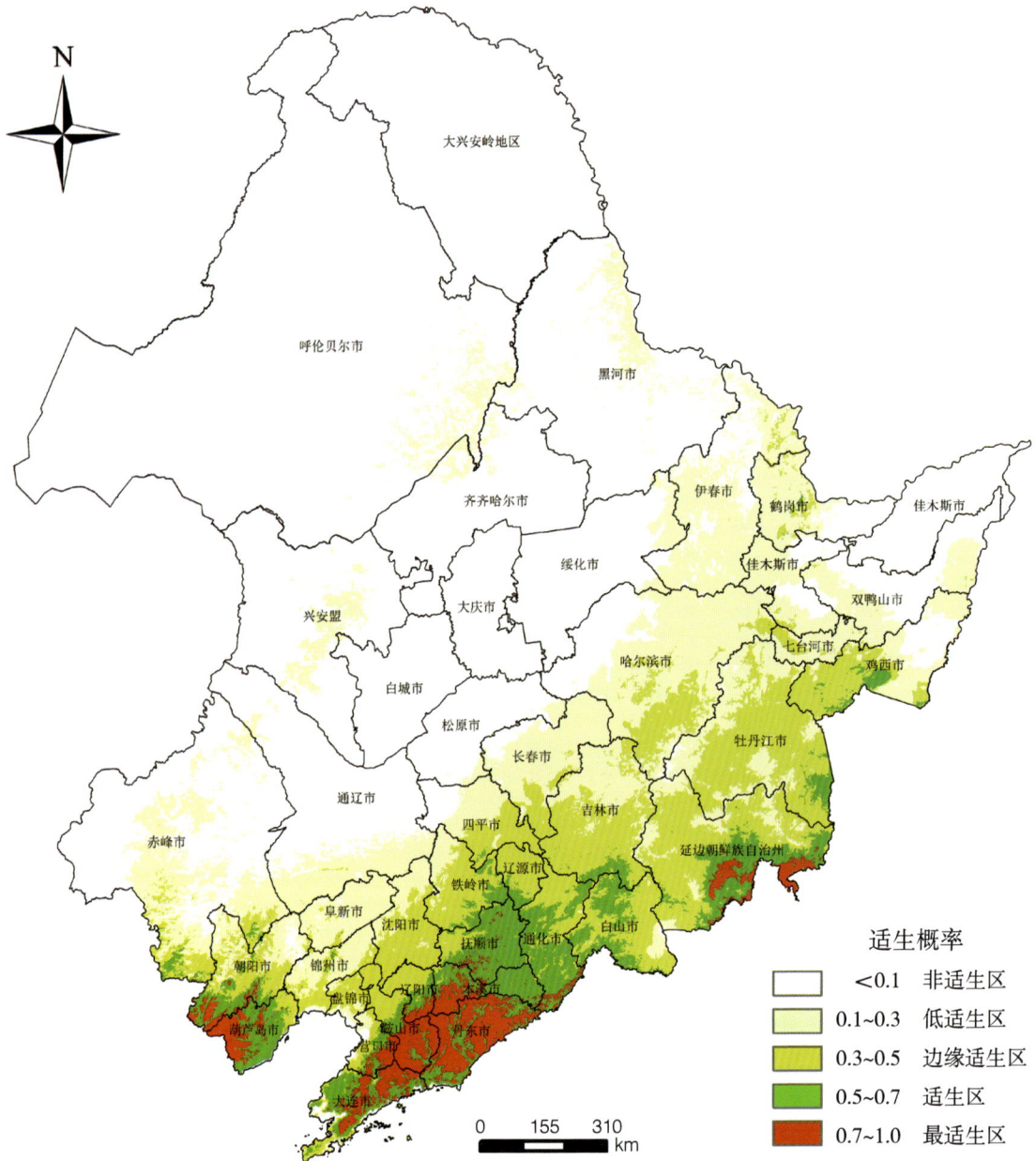

N

适生概率

	<0.1 非适生区
	0.1~0.3 低适生区
	0.3~0.5 边缘适生区
	0.5~0.7 适生区
	0.7~1.0 最适生区

0   155   310
km

图3.24.2　东北地区山芹的生境适宜性区划

表3.24.1　东北地区山芹的适宜分布面积

地区	适生概率							
	0.1~0.3 低适生区		0.3~0.5 边缘适生区		0.5~0.7 适生区		≥0.7 最适生区	
	面积	面积比	面积	面积比	面积	面积比	面积	面积比
东北地区	20.69	16.34%	15.10	11.92%	6.83	5.39%	2.64	2.08%
辽宁省	5.14	37.83%	2.30	16.91%	3.58	26.30%	2.28	16.75%
吉林省	2.42	13.17%	7.54	40.91%	2.71	14.67%	0.34	1.86%
黑龙江省	10.22	20.66%	4.65	9.39%	0.29	0.58%	0	0.00%
内蒙古东四盟	2.88	6.40%	0.60	1.34%	0.26	0.57%	0.01	0.02%

注：面积比=适生区面积/区域总面积×100%，面积单位：万km²。

影响适宜性的主要环境因子 | ENVIRONMENTAL FACTORS

对山芹生境适宜性贡献率5%以上的环境因子依次为气温变动系数（27.5%）、年降水量（22.8%）、最冷季平均温度（13.9%）、最暖季降水量（8.9%）、海拔（6.1%），累计贡献率达到79.2%（表3.24.2）。从响应曲线看，对年降水量的需求阈值大于620mm，对最冷季平均温度的需求阈值高于-11℃（图3.24.3）。

表3.24.2　对山芹生境适宜性贡献率5%以上的环境因子

环境因子	贡献率(%)
气温变动系数	27.5
年降水量	22.8
最冷季平均温度	13.9
最暖季降水量	8.9
海拔	6.1

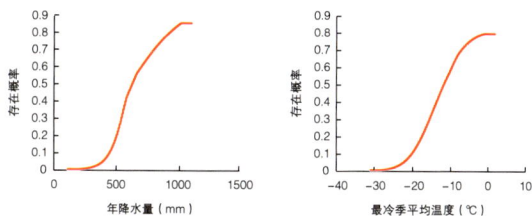

图3.24.3　对山芹分布起主要作用的水热相关因子响应曲线

25 | 芍药 / *Paeonia lactiflora*

物种简介 | INTRODUCTION

芍药为芍药科（Paeoniaceae）芍药属（*Paeonia*）草本植物，又名白药、白芍。花白色，数朵，花瓣倒卵形，花丝黄色；下部茎生叶为二回三出复叶，上部茎生叶为三出复叶；茎高40～70cm，无毛；根粗壮，分枝黑褐色；蓇葖果长2.5～3cm，径1.2～1.5cm，顶端具喙；花期5—6月，果期8月（图3.25.1）。芍药可入药，有镇痛、镇痉、祛瘀、通经等功效，其种子含油，可制皂和涂料。野生芍药是既能药用，又能供观赏的经济植物。

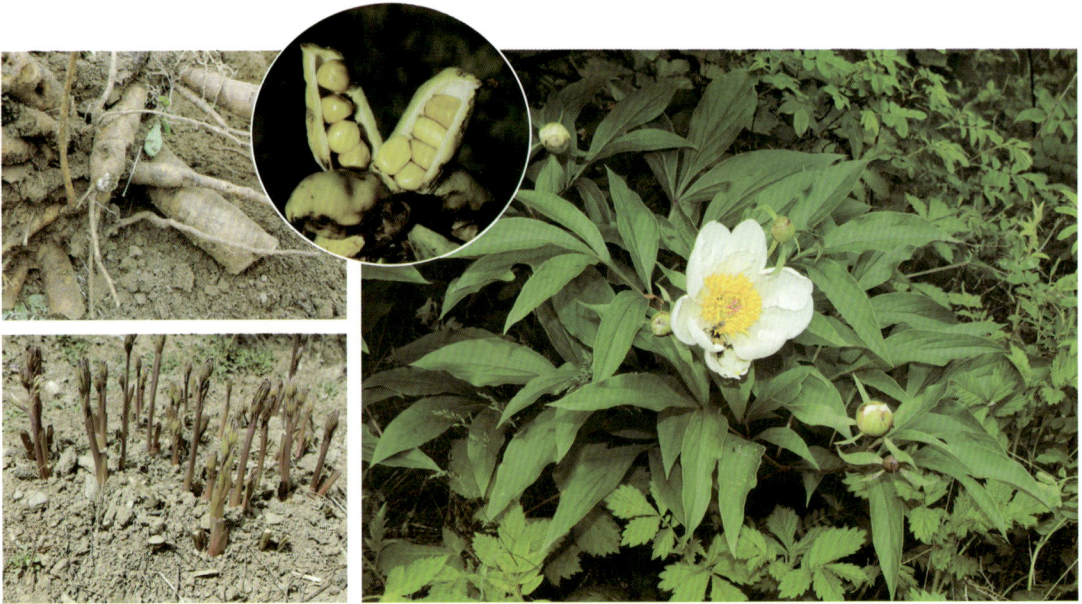

图3.25.1　芍药

适宜分布区 | DISTRIBUTION AREA

芍药在我国东北地区主要分布于呼伦贝尔市以及长白山山脉（图3.25.2）。芍药的适生区（适生概率≥0.5）主要位于赤峰市、呼伦贝尔市、伊春市、鹤岗市、佳木斯市、双鸭山市、七台河市、鸡西市、哈尔滨市、牡丹江市、延边朝鲜族自治州、吉林市、通化市、抚顺市、本溪市、丹东市、鞍山市和葫芦岛市等地区，面积约有24.35万km²，占东北地区总面积的19.55%。最适生区（适生概率≥0.7）主要位于双鸭山市、七台河市、鸡西市、哈尔滨市、牡丹江市、延边朝鲜族自治州和吉林市等地区，面积约为11.72万km²。边缘适生区（适生概率0.3～0.5）主要位于赤峰市、呼伦贝尔市、黑河市、伊春市、哈尔滨市、白山市、辽源市、通化市和本溪市等地区，面积约有20.4万km²（表3.25.1）。

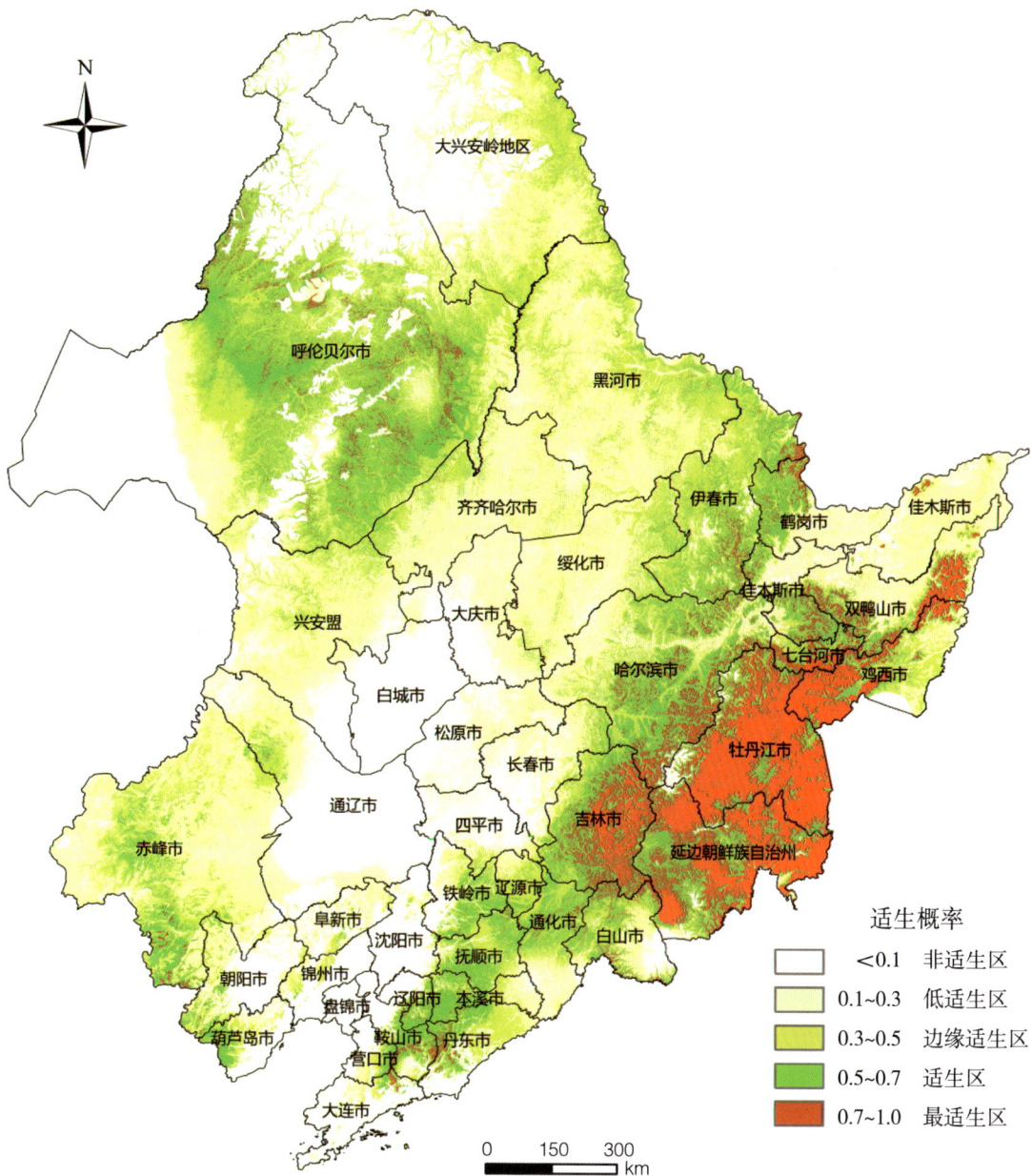

图3.25.2　东北地区芍药的生境适宜性区划

表3.25.1　东北地区芍药的适宜分布面积

地区	适生概率							
	0.1~0.3 低适生区		0.3~0.5 边缘适生区		0.5~0.7 适生区		≥0.7 最适生区	
	面积	面积比	面积	面积比	面积	面积比	面积	面积比
东北地区	43.47	34.93%	20.40	16.39%	12.63	10.14%	11.72	9.41%
辽宁省	3.94	26.58%	2.33	15.75%	1.57	10.63%	0.33	2.22%
吉林省	4.03	21.20%	2.24	11.79%	2.58	13.60%	4.15	21.86%
黑龙江省	20.62	43.78%	7.85	16.66%	4.62	9.81%	5.88	12.49%
内蒙古东四盟	14.53	33.35%	7.91	18.16%	3.90	8.95%	1.35	3.09%

注：面积比=适生区面积/区域总面积×100%，面积单位：万km²。

影响适宜性的主要环境因子 | ENVIRONMENTAL FACTORS

对芍药生境适宜性贡献率5%以上的环境因子依次为坡度（30.7%）、土壤类型（19.5%）、年均相对湿度（9.8%）、海拔（9%）、年均风速（8.2%）和4—9月生长季均温（7.7%），累计贡献率达到84.9%（表3.25.2）。响应曲线看，芍药对年均相对湿度的需求阈值大于67%，对4—9月生长季均温的需求阈值为13~17℃（图3.25.3）。

表3.25.2　对芍药生境适宜性贡献率5%以上的环境因子

环境因子	贡献率(%)
坡度	30.7
土壤类型	19.5
年均相对湿度	9.8
海拔	9
年均风速	8.2
4—9月生长季均温	7.7

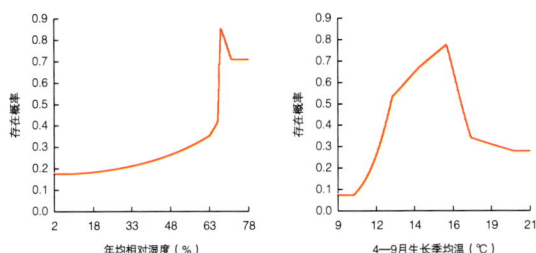

图3.25.3　对芍药分布起主要作用的水热相关因子响应曲线

物种简介 | INTRODUCTION

红松是松科（Pinaceae）松属（*Pinus*）的常绿针叶乔木，高可达50m。多数红松与云杉、冷杉、水曲柳等针叶树种或阔叶树种混生成林，多生长在小兴安岭、张广才岭以及长白山森林区，红松树皮呈灰褐色或灰色，纵裂成不规则的长方鳞状块片，裂片脱落后露出红褐色的内皮；红松球果呈圆锥状卵圆形或圆锥状长卵圆形，可长达9~14cm，有的球果甚至更长，红松果成熟后种鳞稍微张开而露出种子，但种子不脱落（图3.26.1）。红松是我国东北地区地带性典型树种，因木材轻软、纹理直、结构细，且易于加工、耐腐蚀性强，可做建筑、桥梁、家具的优良原料；红松种子大，富含脂肪油及蛋白质，种子可榨油食用，也可做医药原料。因红松是优质的用材林、经济林和防护林树种，近年来已经被人们广泛认可和栽植。近年来，人们更多重视红松苗圃改良、采种育苗和苗木繁育方面，而对红松的适生分布区以及其生态需求还缺少认识。

图3.26.1　红松

适宜分布区 | DISTRIBUTION AREA

红松在我国东北地区主要分布于小兴安岭、张广才岭、老爷岭以及长白山山脉森林区（图3.26.2）。红松的适生区（适生概率≥0.5）主要位于伊春市、鹤岗市、七台河市、鸡西市、牡丹江市、吉林市、延边朝鲜族自治州和白山市等地区，面积约有9.54万km²，占东北地区总面积的7.66%。最适生区（适生概率≥0.7）主要位于长白山核心森林区，面积约有0.78万km²。边缘适生区（适生概率0.3~0.5）主要位于伊春市、哈尔滨市、吉林市、通化市、抚顺市和丹东市等地区，约有13.12万km²（表3.26.1）。

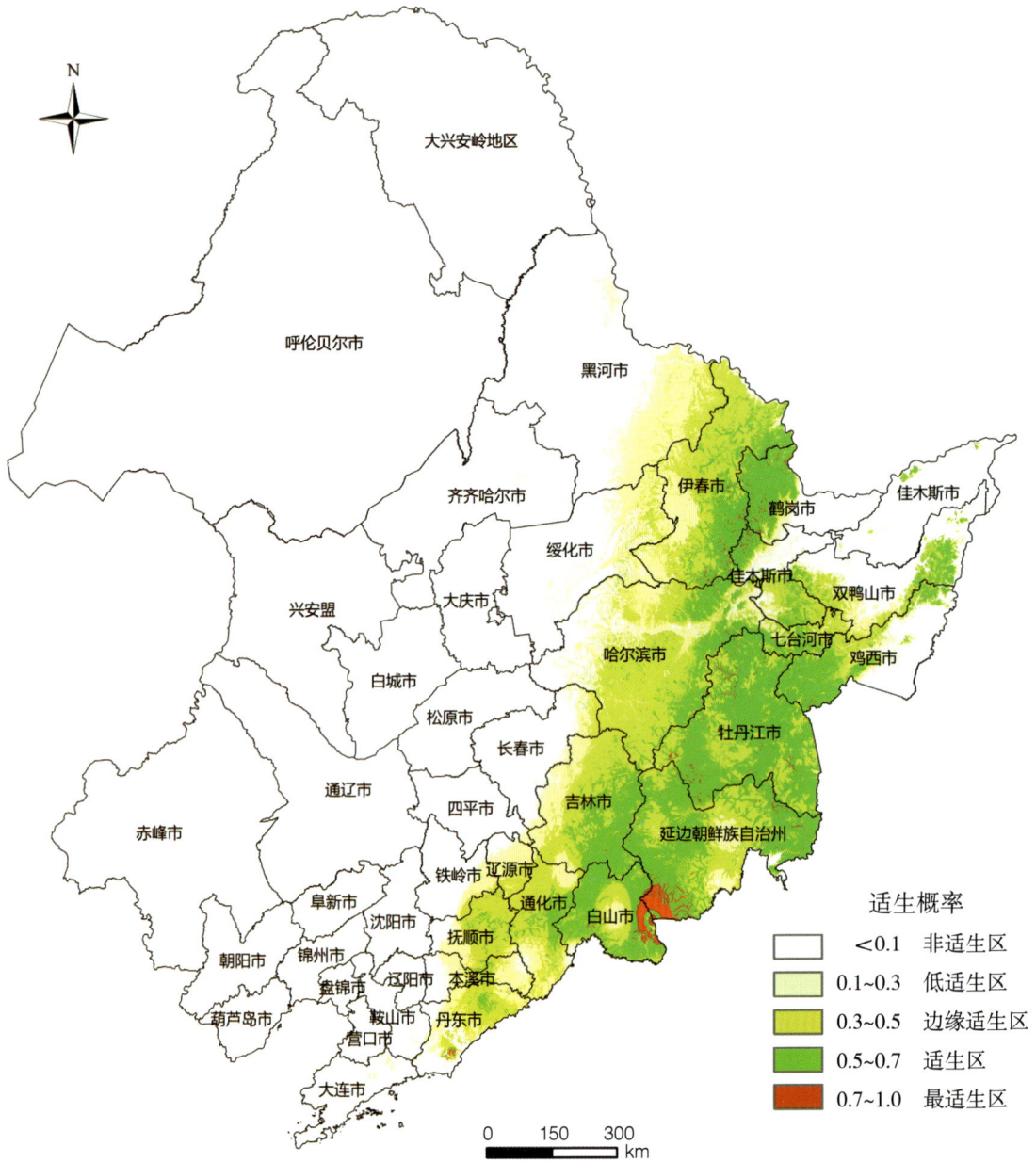

图3.26.2 东北地区红松的生境适宜性区划

适生概率

	<0.1 非适生区
	0.1~0.3 低适生区
	0.3~0.5 边缘适生区
	0.5~0.7 适生区
	0.7~1.0 最适生区

表3.26.1　东北地区红松的适宜分布面积

地区	适生概率							
	0.1~0.3 低适生区		0.3~0.5 边缘适生区		0.5~0.7 适生区		≥0.7 最适生区	
	面积	面积比	面积	面积比	面积	面积比	面积	面积比
东北地区	9.42	7.57%	13.12	10.54%	8.76	7.04%	0.78	0.62%
辽宁省	1.52	10.25%	1.30	8.76%	0.11	0.77%	0.01	0.07%
吉林省	2.36	12.42%	4.44	23.38%	3.54	18.64%	0.40	2.12%
黑龙江省	5.61	11.91%	7.46	15.83%	5.10	10.83%	0.37	0.79%
内蒙古东四盟	0	0	0	0	0	0	0	0

注：面积比=适生区面积/区域总面积×100%，面积单位：万km²。

影响适宜性的主要环境因子 | ENVIRONMENTAL FACTORS

对红松生境适宜性贡献率5%以上的环境因子依次为：年均降水量（44.5%）、极端低温（12.9%）、4—9月生长季均温（11.3%）、土壤类型（8.4%）、海拔（8.3%）和年均相对湿度（7.5%），累计贡献率达到92.9%（表3.26.2）。结果说明降水对红松的分布起主要作用。从响应曲线看，红松对年均降水量的需求阈值大于550mm，对极端低温的需求阈值为-34~-29℃，对4—9月生长季均温的需求阈值为15℃左右，对年均相对湿度的需求阈值高于68%（图3.26.3）。

表3.26.2　对红松生境适宜性贡献率5%以上的环境因子

环境因子	贡献率(%)
年均降水量	44.5
极端低温	12.9
4—9月生长季均温	11.3
土壤类型	8.4
海拔	8.3
年均相对湿度	7.5

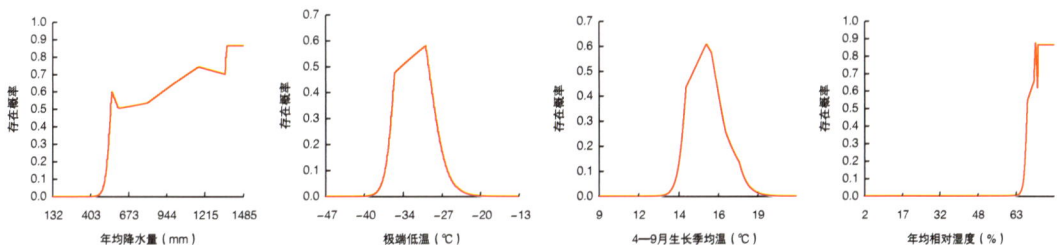

图3.26.3　对红松分布起主要作用的水热相关因子响应曲线

物种简介 | INTRODUCTION

偃松为松科（Pinaceae）松属（*Pinus*）灌木，又名矮松、千叠松。雄球花椭圆形，黄色，雌球花及小球果，卵圆形，紫色或红紫色；针叶5针一束，较细短，硬直而微弯；一年生枝褐色，密被柔毛，二、三年生枝暗红褐色；树皮灰褐色，裂成片状脱落；球果直立，圆锥状卵圆形或卵圆形，成熟时淡紫褐色或红褐色，长3~4.5cm；种子生于种鳞腹面下部的凹槽中，不脱落，暗褐色，三角形倒卵圆形，微扁；花期6—7月，球果翌年9月成熟（图3.27.1）。偃松树脂多，木材可供器具及薪炭用材，木材及树根可提取松节油，种子可食可榨油。偃松是兼具观赏、工业生产等价值的树木，具有良好的经济效益。

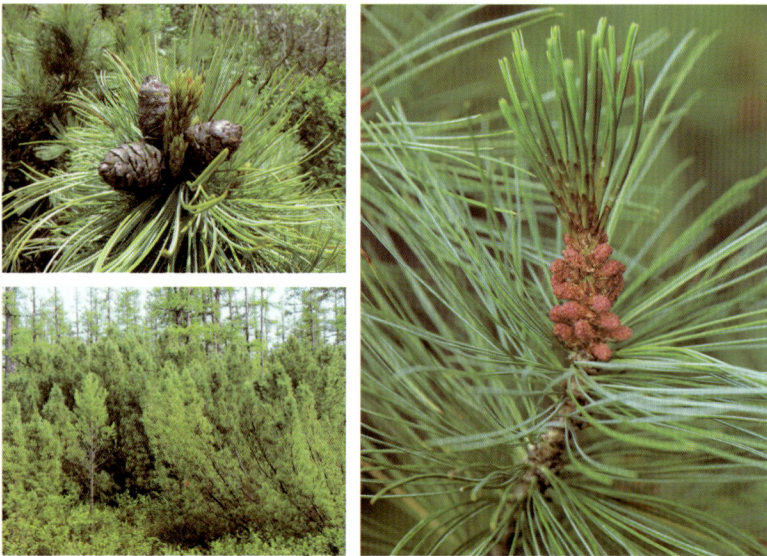

图3.27.1　偃松

适宜分布区 | DISTRIBUTION AREA

偃松在我国东北地区集中分布于大兴安岭地区和长白山山脉及其余脉（图3.27.2）。偃松的适生区（适生概率≥0.5）主要位大兴安岭地区、呼伦贝尔市、鹤岗市、哈尔滨市、七台河市、鸡西市、牡丹江市和延边朝鲜族自治州，面积约有17.28万km²，占东北地区总面积的13.65%。最适生区（适生概率≥0.7）主要位于呼伦贝尔市与大兴安岭地区的交界处、兴安盟和白山市交界处、伊春市、哈尔滨市、鸡西市、牡丹江市和延边朝鲜族自治州，面积约为6.86万km²。边缘适生区（适生概率0.3~0.5）主要位于山地森林区域，面积约有42.34万km²（表3.27.1）。

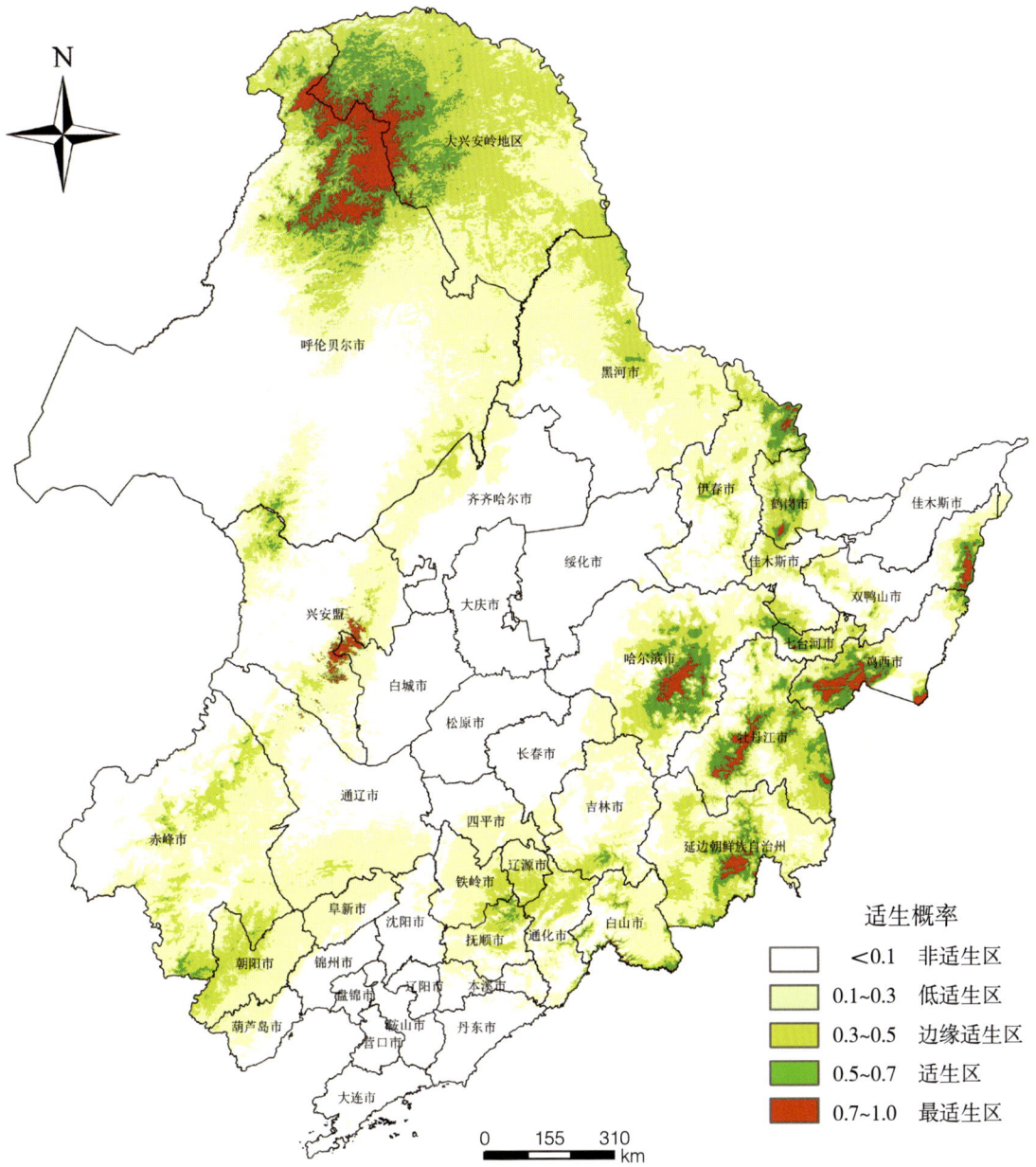

图3.27.2 东北地区偃松的生境适宜性区划

适生概率

	<0.1 非适生区
	0.1~0.3 低适生区
	0.3~0.5 边缘适生区
	0.5~0.7 适生区
	0.7~1.0 最适生区

表3.27.1　东北地区偃松的适宜分布面积

地区	适生概率							
	0.1~0.3 低适生区		0.3~0.5 边缘适生区		0.5~0.7 适生区		≥0.7 最适生区	
	面积	面积比	面积	面积比	面积	面积比	面积	面积比
东北地区	42.34	33.44%	17.28	13.65%	6.86	5.42%	2.01	1.59%
辽宁省	4.98	36.15%	0.91	6.59%	0.00	0.01%	0.00	0.00%
吉林省	6.33	34.52%	1.47	8.01%	0.48	2.61%	0.36	1.95%
黑龙江省	14.06	28.43%	10.18	20.58%	4.68	9.46%	0.90	1.83%
内蒙古东四盟	16.96	37.68%	4.71	10.48%	1.70	3.78%	0.75	1.67%

注：面积比=适生区面积/区域总面积×100%，面积单位：万km²。

影响适宜性的主要环境因子 | ENVIRONMENTAL FACTORS

对偃松生境适宜性贡献率5%以上的环境因子依次为降水量季节性变化（25.3%）、最湿季度降水量（17.6%）、等温性（17.2%）、海拔（10.6%）、年均气温（9.8%）、最暖季度平均温度（6.2%）、最湿月份降水量（5.3%），总贡献率达到92%（表3.27.2）。从响应曲线看，偃松对最湿季度降水量的需求阈值大于45mm，对海拔的需求阈值为70~340m（图3.27.3）。

表3.27.2　对偃松生境适宜性贡献率5%以上的环境因子

环境因子	贡献率(%)
降水量季节性变化	25.3
最湿季度降水量	17.6
等温性	17.2
海拔	10.6
年均气温	9.8
最暖季度平均温度	6.2
最湿月份降水量	5.3

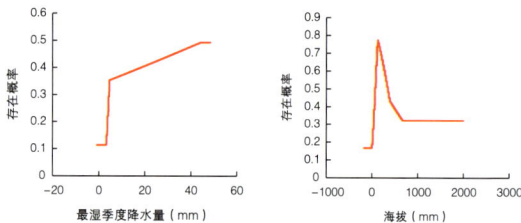

图3.27.3　对偃松分布起主要作用的水热相关因子响应曲线

28 | 黄精 / Polygonatum sibiricum

物种简介 | INTRODUCTION

黄精为天门冬科（Asparagaceae）黄精属（Polygonatum）草本植物，又名鸡爪参、老虎姜。花白色或淡黄色，花序常具2~4花，呈伞状；叶4~6枚轮生，线状披针形，先端拳卷或弯曲；根状茎圆柱状，节膨大，节间一头粗、一头细；浆果径0.7~1cm，成熟时黑色，具4~7种子；花期5—6月，果期8—9月（图3.28.1）。黄精根状茎富含黄精多糖、甾体皂苷等成分，具有延缓衰老、除湿、益气补虚的功效，野生黄精是兼具药用、食用、观赏、美容等价值的药材，具有良好的经济效益。

图3.28.1 黄精

适宜分布区 | DISTRIBUTION AREA

黄精在我国东北地区主要分布于长白山山脉及其余脉和辽西地区（图3.28.2）。黄精的适生区（适生概率≥0.5）主要位于哈尔滨市、双鸭山市、七台河市、鸡西市、牡丹江市、吉林市、延边朝鲜族自治州、辽源市、通化市、抚顺市、本溪市、丹东市、鞍山市、营口市、大连市和葫芦岛市等地区，面积约有16.54万km²，占东北地区总面积的13.3%。最适生区（适生概率≥0.7）主要位于牡丹江市、吉林市、通化市、抚顺市、本溪市、鞍山市和葫芦岛市等地区，面积约为9.03万km²。边缘适生区（适生概率0.3~0.5）主要位于赤峰市、哈尔滨市、延边朝鲜族自治州、朝阳市等地区，面积约为8.65万km²（表3.28.1）。

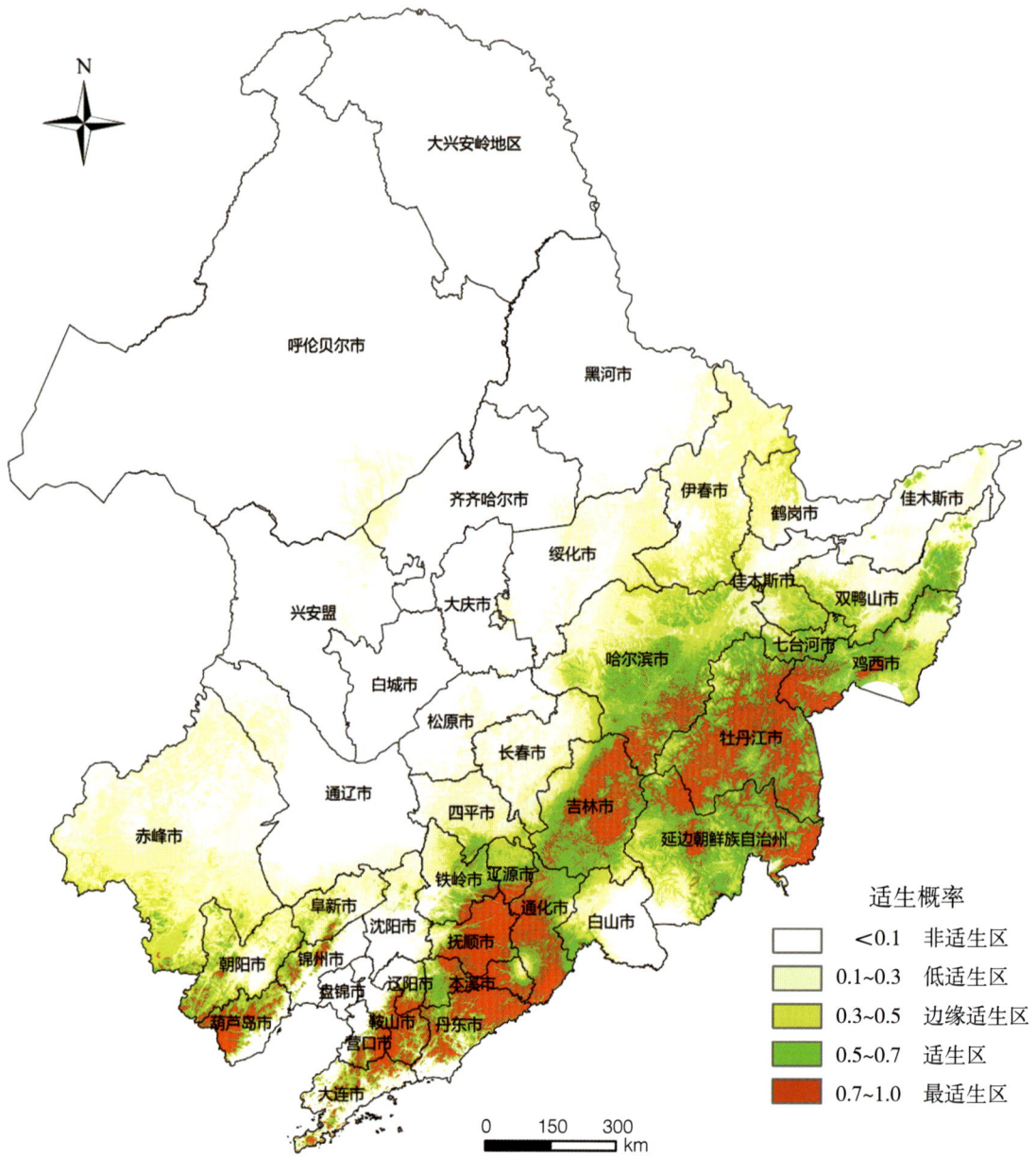

图3.28.2　东北地区黄精的生境适宜性区划

适生概率

	<0.1　非适生区
	0.1~0.3　低适生区
	0.3~0.5　边缘适生区
	0.5~0.7　适生区
	0.7~1.0　最适生区

表3.28.1 东北地区黄精的适宜分布面积

地区	适生概率							
	0.1~0.3 低适生区		0.3~0.5 边缘适生区		0.5~0.7 适生区		≥0.7 最适生区	
	面积	面积比	面积	面积比	面积	面积比	面积	面积比
东北地区	20.49	16.46%	8.65	6.95%	7.51	6.04%	9.03	7.26%
辽宁省	3.30	22.27%	1.82	12.32%	1.58	10.65%	3.59	24.26%
吉林省	3.48	18.33%	2.53	13.30%	2.76	14.53%	2.88	15.15%
黑龙江省	8.35	17.73%	3.83	8.13%	3.27	6.94%	2.91	6.18%
内蒙古东四盟	5.46	12.54%	0.62	1.42%	0.07	0.16%	0.03	0.06%

注：面积比=适生区面积/区域总面积×100%，面积单位：万km²。

影响适宜性的主要环境因子 | ENVIRONMENTAL FACTORS

对黄精生境适宜性贡献率5%以上的环境因子依次为年均降水量（26.1%）、坡度（21.7%）、生长季均温（17.6%）和海拔（5.6%），累计贡献率达到71%（表3.28.2）。从响应曲线看，黄精对年均降水量的需求阈值为550~800mm（图3.28.3）。

表3.28.2 对黄精生境适宜性贡献率5%以上的环境因子

环境因子	贡献率(%)
年均降水量	26.1
坡度	21.7
生长季均温	17.6
海拔	5.6

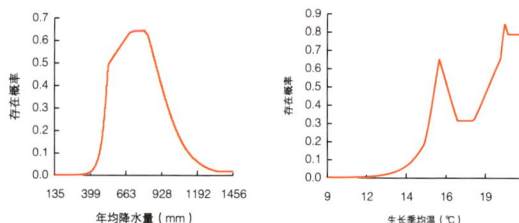

图3.28.3 对黄精分布起主要作用的水热相关因子响应曲线

29 | 玉竹 | *Polygonatum odoratum*

物种简介 | INTRODUCTION

玉竹为天门冬科（Asparagaceae）黄精属（*Polygonatum*）草本植物，又名铃铛菜、地管子。花黄绿或白色，花序具1~4花，无苞片或有条状披针形苞片；叶互生，椭圆形或卵状长圆形，先端尖，下面带灰白色；根状茎圆柱形，径0.5~1.4cm；浆果蓝黑色，径0.7~1cm，具7~9种子；花期5—6月，果期7—9月（图3.29.1）。玉竹根状茎可入药，富含甾体皂苷、黄酮、生物碱、多糖等成分，具有降血糖、抗肿瘤、抗衰老，改善心血管系统等功效。玉竹是兼具食用、药用价值的药材，具有广泛的药理作用。

图3.29.1　玉竹

适宜分布区 | DISTRIBUTION AREA

玉竹在我国东北地区主要分布于长白山山脉及辽西地区（图3.29.2）。玉竹的适生区（适生概率≥0.5）主要位于佳木斯市、七台河市、鸡西市、哈尔滨市、牡丹江市、吉林市、延边朝鲜族自治州、辽源市、通化市、铁岭市、抚顺市、鞍山市和葫芦岛市等地区，面积约有12.52万km²，占东北地区总面积的10.05%。最适生区（适生概率≥0.7）主要位于吉林市、延边朝鲜族自治区、辽源市和葫芦岛市等地区，面积约有1.6万km²。边缘适生区（适生概率0.3~0.5）主要位于伊春市、鹤岗市、哈尔滨市、延边朝鲜族自治州、本溪市、丹东市和朝阳市等地区，约有15.98万km²（表3.29.1）。

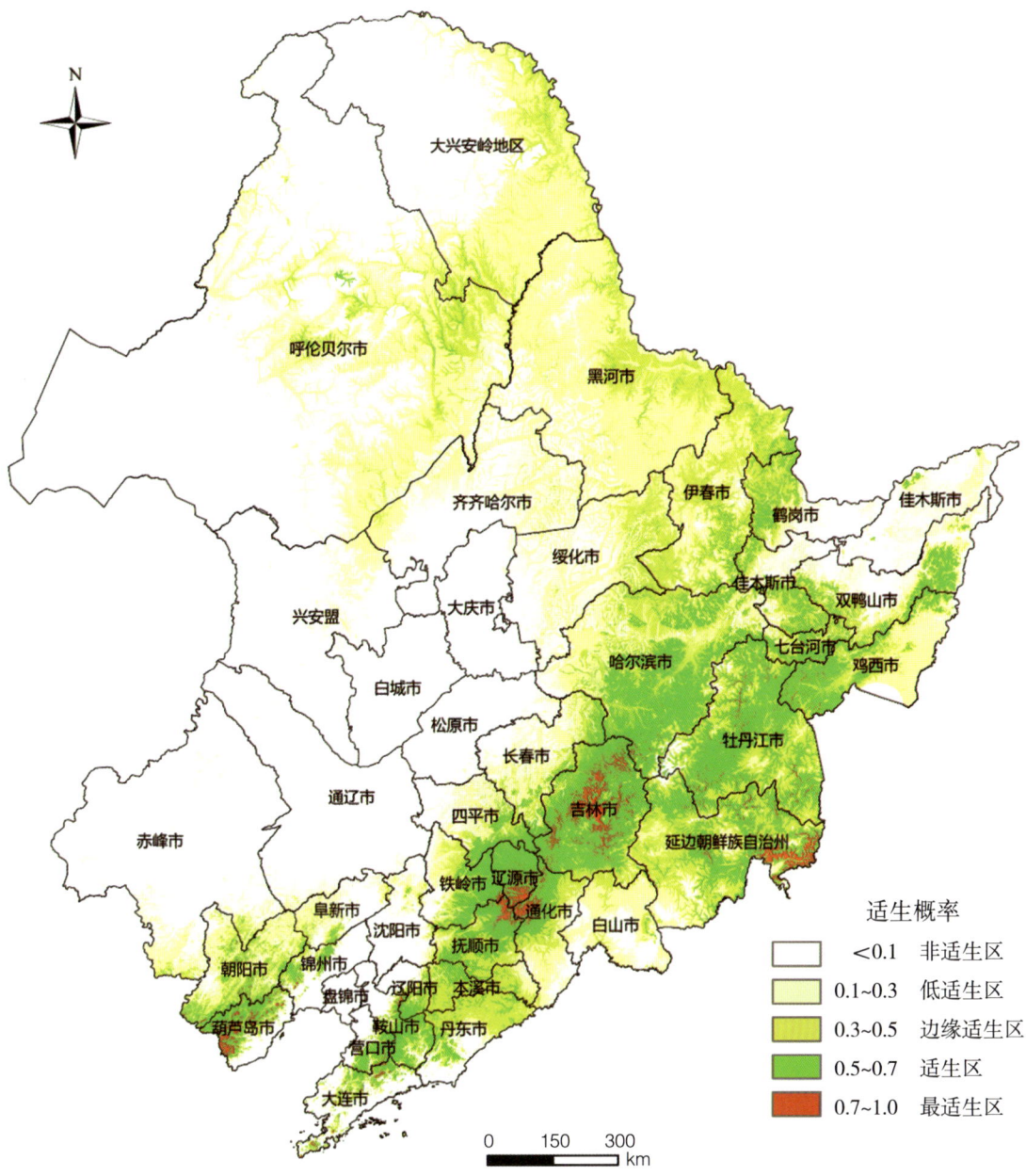

图例:

适生概率

	<0.1 非适生区
	0.1~0.3 低适生区
	0.3~0.5 边缘适生区
	0.5~0.7 适生区
	0.7~1.0 最适生区

图3.29.2 东北地区玉竹的生境适宜性区划

表3.29.1　东北地区玉竹的适宜分布面积

地区	适生概率							
	0.1~0.3 低适生区		0.3~0.5 边缘适生区		0.5~0.7 适生区		≥ 0.7 最适生区	
	面积	面积比	面积	面积比	面积	面积比	面积	面积比
东北地区	33.24	26.71%	15.98	12.84%	10.92	8.77%	1.60	1.28%
辽宁省	3.47	23.46%	3.30	22.26%	2.49	16.79%	0.37	2.52%
吉林省	4.04	21.29%	3.41	17.95%	3.74	19.67%	0.99	5.23%
黑龙江省	17.80	37.79%	8.47	17.97%	4.87	10.33%	0.30	0.63%
内蒙古东四盟	7.71	17.70%	0.97	2.23%	0.07	0.16%	0	0

注：面积比=适生区面积/区域总面积×100%，面积单位：万km²。

影响适宜性的主要环境因子 | ENVIRONMENTAL FACTORS

对玉竹生境适宜性贡献率5%以上的环境因子依次为年均降水量（29.8%）、土壤类型（18.6%）、海拔（15.1%）、坡度（10.4%），累计贡献率达到73.9%（表3.29.2）。从响应曲线看，玉竹对年均降水量的需求阈值为500~800mm（图3.29.3）。

表3.29.2　对玉竹生境适宜性贡献率5%以上的环境因子

环境因子	贡献率(%)
年均降水量	29.8
土壤类型	18.6
海拔	15.1
坡度	10.4

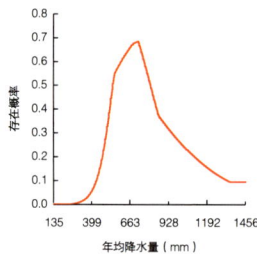

图3.29.3　对玉竹分布起主要作用的水热相关因子响应曲线

30 | 蒙古栎 | *Quercus mongolica*

物种简介 | INTRODUCTION

蒙古栎为壳斗科（Fagaceae）栎属（*Quercus*）乔木，又名柞树、辽东栎。树可高达30m；叶倒卵形或倒卵状长椭圆形，先端短钝尖，基部楔圆或耳状，叶柄无毛；小枝无毛；果为壳斗杯状，小苞片鳞片状，下部具瘤状突起，密被灰白色短毛；花期4—5月，果期9月（图3.30.1）。蒙古栎材质坚硬，耐腐力强，可供车船、建筑、坑木等用材，压缩木可供做机械零件，叶可饲柞蚕，种子可酿酒或做饲料，树皮入药有收敛止泻及治痢疾之效。蒙古栎是兼具工业生产、药用价值的木材，具有良好的经济效益。

图3.30.1 蒙古栎

适宜分布区 | DISTRIBUTION AREA

蒙古栎在我国东北地区集中分布于长白山山脉及其余脉、辽西地区（图3.30.2）。蒙古栎的适生区（适生概率≥0.5）主要位于伊春市、鹤岗市、哈尔滨市、双鸭山市、七台河市、鸡西市、牡丹江市、延边朝鲜族自治州、吉林市、白山市、辽源市、通化市、铁岭市、抚顺市、本溪市、辽阳市、丹东市、鞍山市、大连市、葫芦岛市、朝阳市、锦州市和阜新市等地区，面积约有23.4万km^2，占东北地区总面积的18.8%。最适生区（适生概率≥0.7）主要位于双鸭山市、七台河市、鸡西市、牡丹江市、延边朝鲜族自治州、吉林市、白山市、辽源市、通化市、铁岭市、抚顺市、本溪市、丹东市、鞍山市、葫芦岛市、朝阳市和锦州市等地区，面积约为13.68万km^2。边缘适生区（适生概率0.3~0.5）主要位于赤峰市、呼伦贝尔市、黑河市、伊春市、绥化市、哈尔滨市和丹东市等地区，面积约有18.68万km^2（表3.30.1）。

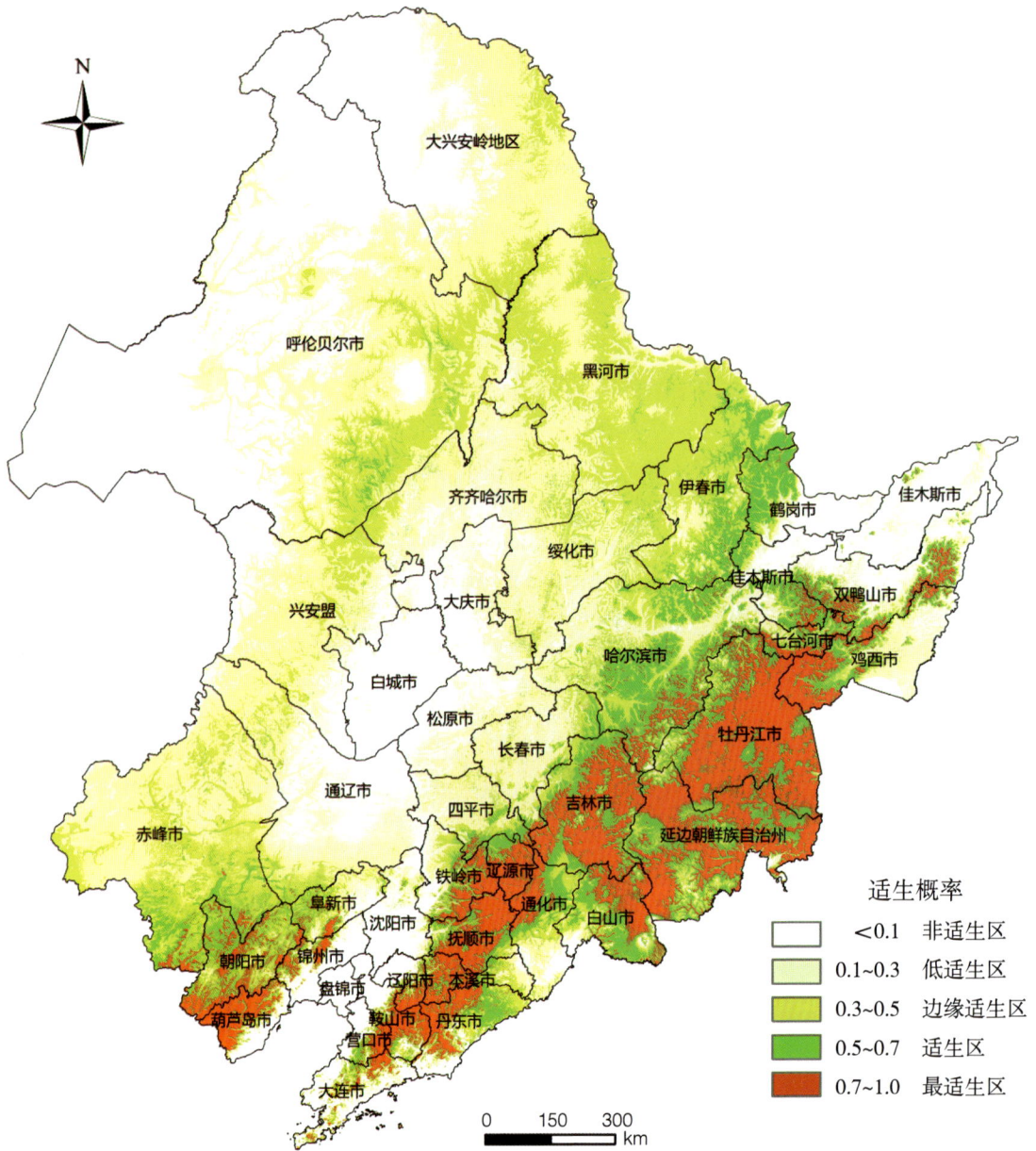

图3.30.2　东北地区蒙古栎的生境适宜性区划

适生概率	
	<0.1　非适生区
	0.1~0.3　低适生区
	0.3~0.5　边缘适生区
	0.5~0.7　适生区
	0.7~1.0　最适生区

表3.30.1　东北地区蒙古栎的适宜分布面积

地区	适生概率							
	0.1~0.3 低适生区		0.3~0.5 边缘适生区		0.5~0.7 适生区		≥ 0.7 最适生区	
	面积	面积比	面积	面积比	面积	面积比	面积	面积比
东北地区	40.66	32.67%	18.68	15.01%	9.72	7.81%	13.68	10.99%
辽宁省	2.39	16.14%	1.89	12.75%	1.87	12.63%	4.33	29.27%
吉林省	3.87	20.38%	2.14	11.24%	2.97	15.61%	5.21	27.42%
黑龙江省	16.88	35.83%	9.24	19.62%	4.30	9.14%	4.41	9.37%
内蒙古东四盟	17.09	39.23%	5.30	12.17%	0.74	1.69%	0.22	0.50%

注：面积比=适生区面积/区域总面积×100%，面积单位：万km²。

影响适宜性的主要环境因子 | ENVIRONMENTAL FACTORS

对蒙古栎生境适宜性贡献率5%以上的环境因子依次为海拔（18.9%）、土壤类型（15.7%）、坡度（14.8%）、年均降水量（13.5%）、极端低温（9.9%）、年均气温（6.5%）、年均相对湿度（5.1%），累计贡献率达到84.4%（表3.30.2）。从响应曲线看，蒙古栎对年均降水量的需求阈值大于160mm，对极端低温的需求阈值为-35～-18℃，对年均气温的需求阈值为2～10℃，对年均相对湿度的需求阈值高于67%（图3.30.3）。

表3.30.2　对蒙古栎生境适宜性贡献率5%以上的环境因子

环境因子	贡献率(%)
海拔	18.9
土壤类型	15.7
坡度	14.8
年均降水量	13.5
极端低温	9.9
年均气温	6.5
年均相对湿度	5.1

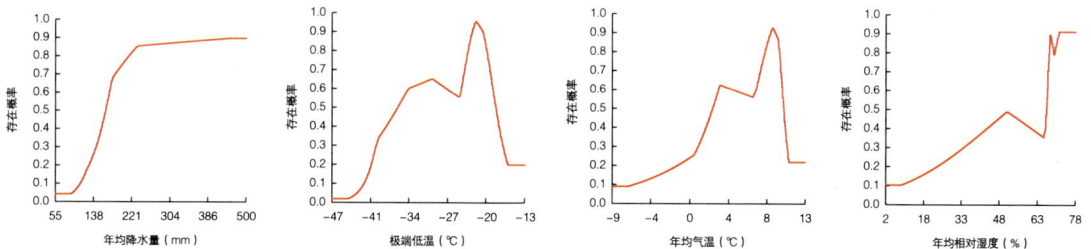

图3.30.3　对蒙古栎分布起主要作用的水热相关因子响应曲线

31 | 牛叠肚 / *Rubus crataegifolius*

物种简介 | INTRODUCTION

　　牛叠肚为蔷薇科（Rosaceae）悬钩子属（*Rubus*）灌木，又名山楂叶悬钩子、覆盆子。花白色，数朵簇生或成短总状花序；叶为单叶，卵形或长卵形，上面近无毛，下面脉有柔毛和小皮刺；幼枝被柔毛，老时无毛，有微弯皮刺；果近球形，径约1cm，成熟时暗红色，无毛，有光泽；核具皱纹；花期5—6月，果期7—9月（图3.31.1）。牛叠肚全株富含单宁，可提取栲胶，茎皮含纤维，可做造纸及纤维板原料，果和根可入药，补肝肾，祛风湿。野生牛叠肚是兼具食用、药用、工业加工等多种价值的植物，具有良好的经济效益。

图3.31.1　牛叠肚

适宜分布区 | DISTRIBUTION AREA

　　牛叠肚在我国东北地区主要分布于长白山山脉及其余脉（图3.31.2）。牛叠肚的适生区（适生概率≥0.5）主要位于哈尔滨市、吉林市、延边朝鲜族自治州、辽源市、通化市、铁岭市、抚顺市、本溪市、丹东市、辽阳市、鞍山市和葫芦岛市等地区，面积约有9.21万km²，占东北地区总面积的7.4%。最适生区（适生概率≥0.7）主要位于吉林市、辽源市和通化市等地区，面积约为2.25万km²。边缘适生区（适生概率0.3～0.5）主要位于哈尔滨市、牡丹江市、鸡西市、延边朝鲜族自治州、白山市、丹东市和葫芦岛市等地区，面积约有9.75万km²（表3.31.1）。

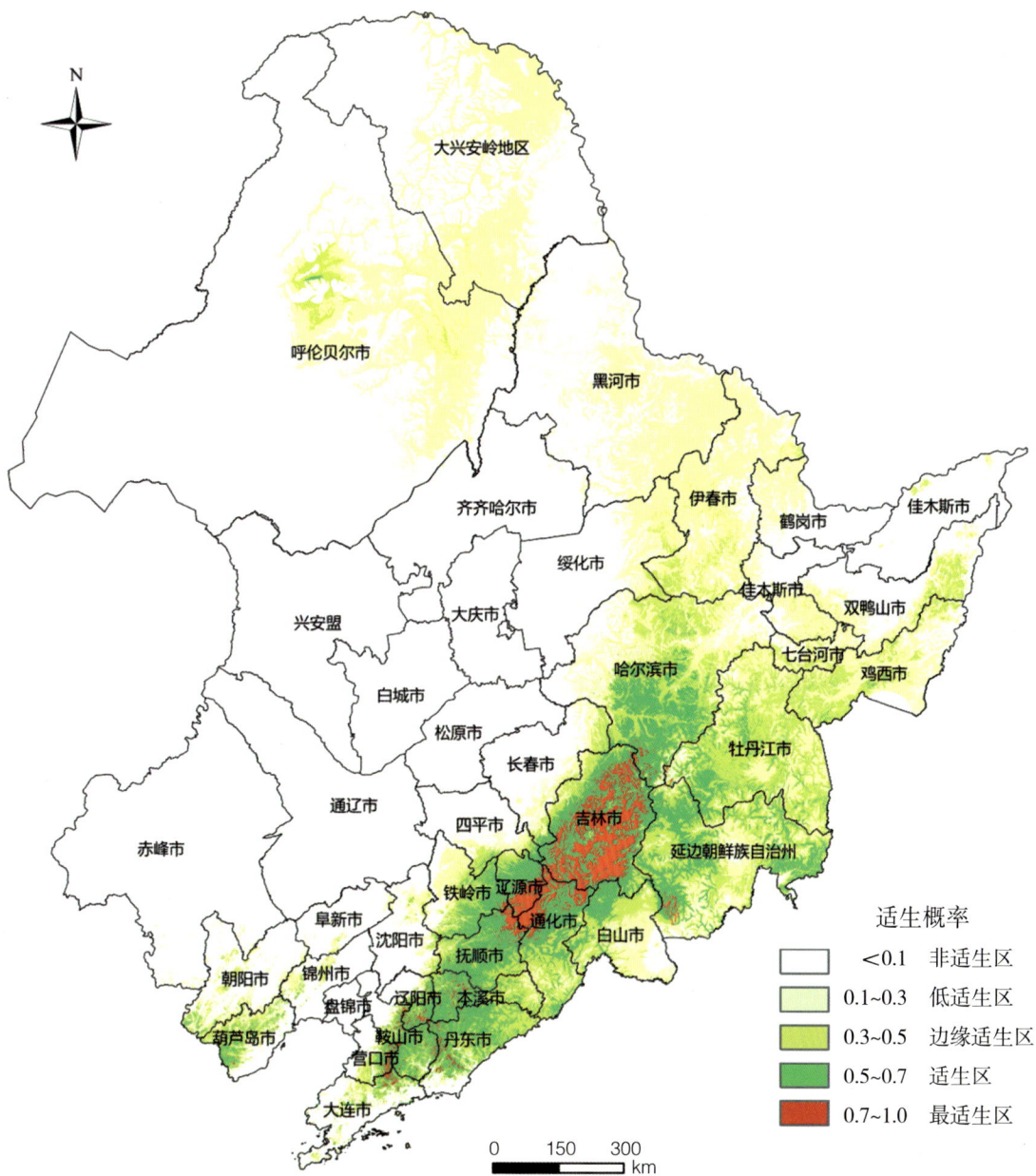

图3.31.2　东北地区牛叠肚的生境适宜性区划

表3.31.1　东北地区牛叠肚的适宜分布面积

地区	适生概率							
	0.1~0.3 低适生区		0.3~0.5 边缘适生区		0.5~0.7 适生区		≥ 0.7 最适生区	
	面积	面积比	面积	面积比	面积	面积比	面积	面积比
东北地区	26.12	20.98%	9.75	7.83%	6.96	5.59%	2.25	1.81%
辽宁省	2.55	17.23%	2.34	15.81%	2.56	17.26%	0.53	3.61%
吉林省	3.05	16.07%	3.06	16.11%	3.36	17.66%	1.76	9.28%
黑龙江省	16.06	34.09%	4.25	9.02%	1.39	2.95%	0.07	0.16%
内蒙古东四盟	4.23	9.71%	0.31	0.72%	0.01	0.02%	0	0

注：面积比=适生区面积/区域总面积×100%，面积单位：万km²。

影响适宜性的主要环境因子 | ENVIRONMENTAL FACTORS

对牛叠肚生境适宜性贡献率5%以上的环境因子依次为年均降水量（54.1%）、海拔（10.7%）、土壤类型（10.6%）和年均风速（6.4%），累计贡献率达到81.8%（表3.31.2）。从响应曲线看，牛叠肚对年均降水量的需求阈值为600~900mm（图3.31.3）。

表3.31.2　对牛叠肚生境适宜性贡献率5%以上的环境因子

环境因子	贡献率(%)
年均降水量	54.1
海拔	10.7
土壤类型	10.6
年均风速	6.4

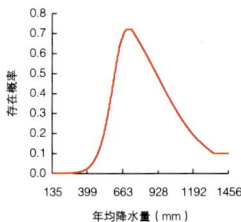

图3.31.3　对牛叠肚分布起主要作用的水热相关因子响应曲线

32 | 唐松草 | *Thalictrum aquilegiifolium var. sibiricum*

物种简介 | INTRODUCTION

唐松草为毛茛科（Ranunculaceae）唐松草属（*Thalictrum*）草本植物，又名草黄连、马尾连。花萼片为白色或外面带紫色，圆锥花序伞房状，有多数密集的花；茎生叶为三至四回三出复叶，叶柄有鞘；茎粗壮，高60～150cm，分枝；瘦果倒卵形，长4～7mm；花期7月（图3.32.1）。唐松草富含生物碱，其根可入药，有治疗痈肿疮疖、黄疸型肝炎、腹泻等功效。唐松草是兼具药用价值和观赏价值的药材，有良好的发展前景。

图3.32.1　唐松草

适宜分布区 | DISTRIBUTION AREA

唐松草在我国东北地区主要分布于赤峰市、长白山山脉及其余脉、辽西地区（图3.32.2）。唐松草的适生区（适生概率≥0.5）主要位于赤峰市、通辽市、兴安盟、七台河、鸡西市、牡丹江市、延边朝鲜族自治州、吉林市、白山市、辽源市、通化市、铁岭市、抚顺市、本溪市、丹东市、辽阳市、鞍山市、大连市、葫芦岛市、朝阳市和锦州市等地区，面积约有28.88万km²，占东北地区总面积的23.2%。最适生区（适生概率≥0.7）主要位于赤峰市、牡丹江市、延边朝鲜族自治州、吉林市、白山市、辽源市、通化市、铁岭市、抚顺市、本溪市、辽阳市、丹东市、鞍山市、大连市、葫芦岛市、锦州市和朝阳市等地区，面积约有14.09万km²。边缘适生区（适生概率0.3～0.5）主要位于赤峰市、通辽市、兴安盟、呼伦贝尔市、绥化市、伊春市、鹤岗市、佳木斯市、哈尔滨市、鸡西市、长春市、丹东市、朝阳市和阜新市等地区，面积约有33.4万km²（表3.32.1）。

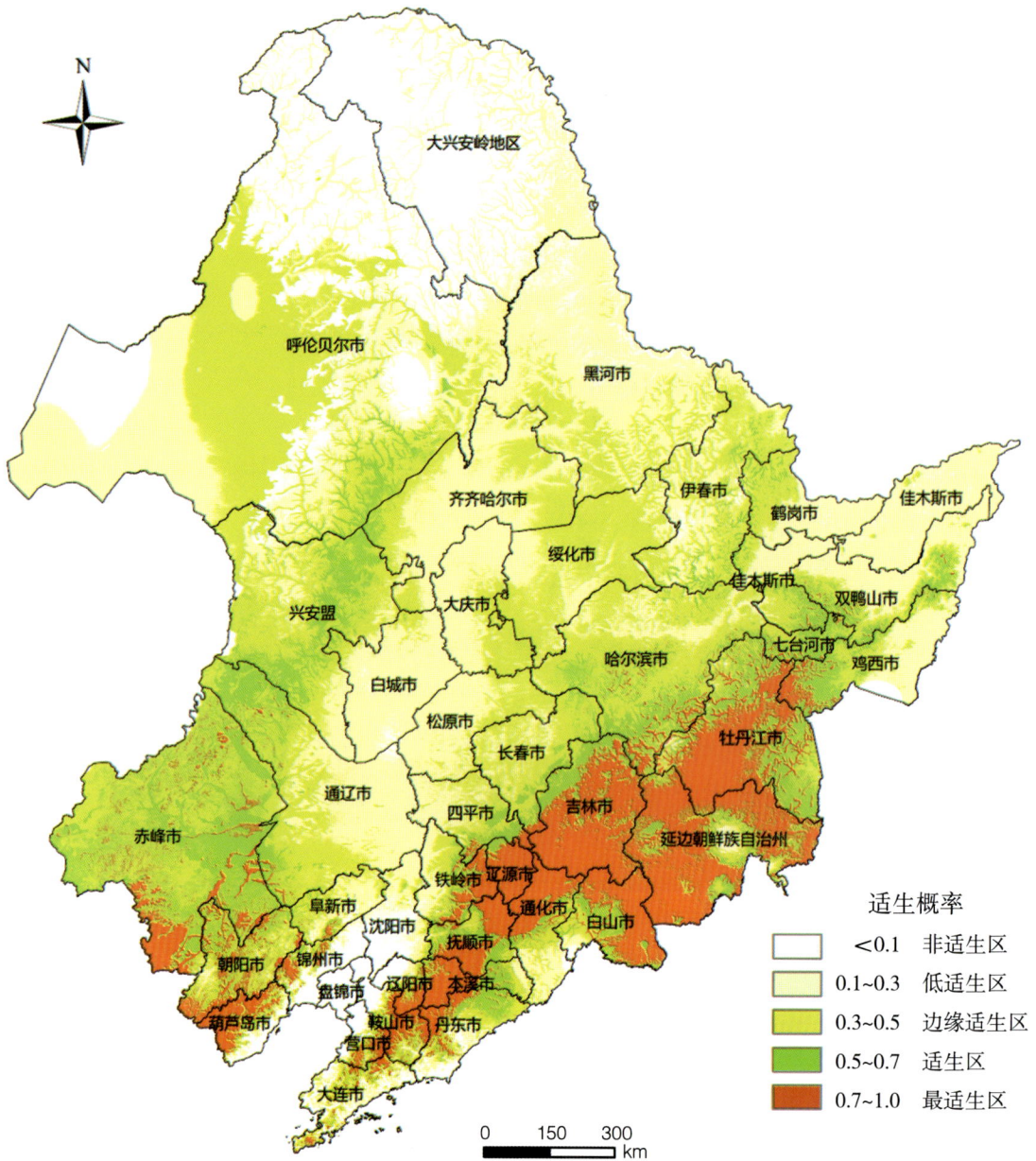

图3.32.2　东北地区唐松草的生境适宜性区划

表32.1　东北地区唐松草的适宜分布面积

地区	适生概率							
	0.1~0.3 低适生区		0.3~0.5 边缘适生区		0.5~0.7 适生区		≥ 0.7 最适生区	
	面积	面积比	面积	面积比	面积	面积比	面积	面积比
东北地区	43.77	35.17%	33.40	26.84%	14.79	11.88%	14.09	11.32%
辽宁省	3.29	22.19%	2.31	15.58%	2.30	15.54%	4.39	29.67%
吉林省	6.05	31.86%	3.19	16.78%	2.56	13.49%	7.04	37.05%
黑龙江省	21.34	45.31%	11.86	25.17%	4.02	8.54%	2.40	5.10%
内蒙古东四盟	12.60	28.93%	15.67	35.99%	5.90	13.55%	1.37	3.14%

注：面积比=适生区面积/区域总面积×100%，面积单位：万km²。

影响适宜性的主要环境因子 | ENVIRONMENTAL FACTORS

对唐松草生境适宜性贡献率5%以上的环境因子依次为极端低温（22.5%）、年均相对湿度（18.3%）、海拔（18.3%）、土壤类型（13.4%）和年均风速（12%），累计贡献率达到84.5%（表3.32.2）。从响应曲线看，对年均相对湿度的需求阈值大于67%（图3.32.3）。

表3.32.2　对唐松草生境适宜性贡献率5%以上的环境因子

环境因子	贡献率(%)
极端低温	22.5
年均相对湿度	18.3
海拔	18.3
土壤类型	13.4
年均风速	12

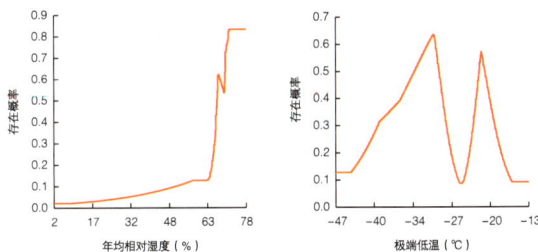

图3.32.3　对唐松草分布起主要作用的水热相关因子响应曲线

物种简介 | INTRODUCTION

紫椴为锦葵科（Malvaceae）椴树属（*Tilia*）乔木，又名阿穆尔椴、裂叶紫椴。树高可达25m；花黄白色，聚伞花序，苞片窄带形，无毛；叶宽卵形，先端尖，基部心形；幼枝有白丝毛，旋脱落，顶芽无毛；果卵圆形，被星状柔毛，有棱或棱不明显；花期7月（图3.33.1）。紫椴的花蜜营养丰富，是良好的蜜源植物，木材可供建筑，制作胶合板、纤维板，种子可榨油。紫椴是优良的蜜源植物、优质木材，具有很高的经济价值。

图3.33.1　紫椴

适宜分布区 | DISTRIBUTION AREA

紫椴在我国东北地区主要集中在小兴安岭地区、长白山山脉和辽西地区（图3.33.2）。紫椴的适生区（适生概率≥0.5）主要位于伊春市、鹤岗市、佳木斯市、七台河市、鸡西市、哈尔滨市、牡丹江市、吉林市、延边朝鲜族自治州、辽源市、通化市、抚顺市、本溪市、丹东市、鞍山市、葫芦岛市、朝阳市和锦州市等地区，面积约有21.42万km²，占东北地区总面积的17.21%。最适生区（适生概率≥0.7）主要位于延边朝鲜族自治州、白山市、本溪市和葫芦岛市等地区，面积约为0.89万km²。边缘适生区（适生概率0.3~0.5）主要位于其适生区周围的山地森林区，面积约有7.39万km²（表3.33.1）。

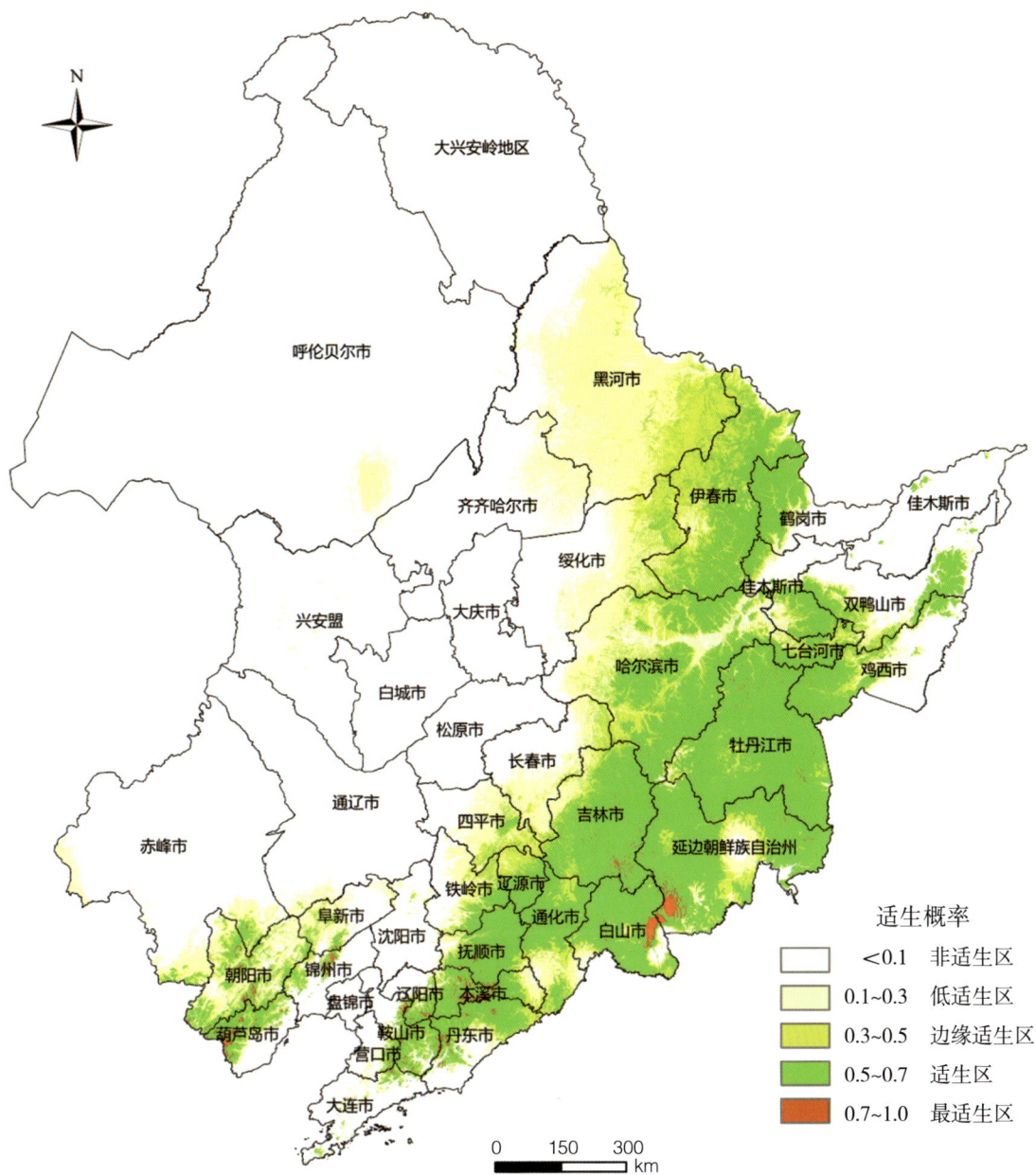

图3.33.2　东北地区紫椴的生境适宜性区划

适生概率

<0.1	非适生区
0.1~0.3	低适生区
0.3~0.5	边缘适生区
0.5~0.7	适生区
0.7~1.0	最适生区

表3.33.1　东北地区紫椴的适宜分布面积

地区	适生概率							
	0.1~0.3 低适生区		0.3~0.5 边缘适生区		0.5~0.7 适生区		≥0.7 最适生区	
	面积	面积比	面积	面积比	面积	面积比	面积	面积比
东北地区	16.71	13.43%	7.39	5.94%	20.53	16.49%	0.89	0.72%
辽宁省	3.13	21.13%	1.20	8.13%	3.68	24.84%	0.43	2.90%
吉林省	2.77	14.60%	1.81	9.51%	7.44	39.14%	0.30	1.59%
黑龙江省	9.45	20.07%	4.33	9.20%	9.67	20.53%	0.20	0.43%
内蒙古东四盟	1.44	3.31%	0.10	0.23%	0.10	0.23%	0.00	0.01%

注：面积比=适生区面积/区域总面积×100%，面积单位：万km²。

影响适宜性的主要环境因子 | ENVIRONMENTAL FACTORS

对紫椴生境适宜性贡献率5%以上的环境因子依次为年均降水量（35.8%）、海拔（16.5%）、坡度（11.7%）、4—9月生长季均温（9.2%）、极端低温（7.8%）、土壤类型（5.4%），累计贡献达到86.4%（表3.33.2）。从响应曲线看，紫椴对年均降水量的需求阈值为500~1300mm（图3.33.3）。

表3.33.2　对紫椴生境适宜性贡献率5%以上的环境因子

环境因子	贡献率(%)
年均降水量	35.8
海拔	16.5
坡度	11.7
4—9月生长季均温	9.2
极端低温	7.8
土壤类型	5.4

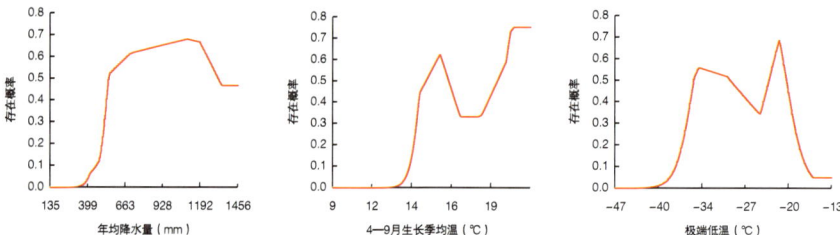

图3.33.3　对紫椴分布起主要作用的水热相关因子响应曲线

物种简介 | INTRODUCTION

延龄草为藜芦科（Melanthiaceae）延龄草属（*Trillium*）的草本植物，又名地珠、芋儿七。花白色，稀淡紫色，花瓣卵状披针形；叶菱状圆形或菱形，长6~15cm，近无柄；茎丛生于粗短根状茎，高可达50cm；浆果圆球形，径1.5~1.8cm，成熟时黑紫色，种子多数；花期4—5月，果期7—8月（图3.34.1）。延龄草味甘性温，具有镇静止痛、止血、解毒的功效，且其可用于提取皂苷制药。延龄草兼具药用价值和经济价值，具有良好的经济效益。

图3.34.1 延龄草

适宜分布区 | DISTRIBUTION AREA

延龄草在我国东北地区集中分布于长白山山脉的核心森林区（图3.34.2）。延龄草的适生区（适生概率≥0.5）主要位于吉林市、延边朝鲜族自治州和白山市等地区，面积约有1.95万km²，占东北地区总面积的1.56%。最适生区（适生概率≥0.7）主要位于延边朝鲜族自治州和白山市等地区，面积约为0.65万km²。边缘适生区（适生概率0.3~0.5）主要位于牡丹江市、延边朝鲜族自治州、白山市和抚顺市等地区，面积约有3.14万km²（表3.34.1）。

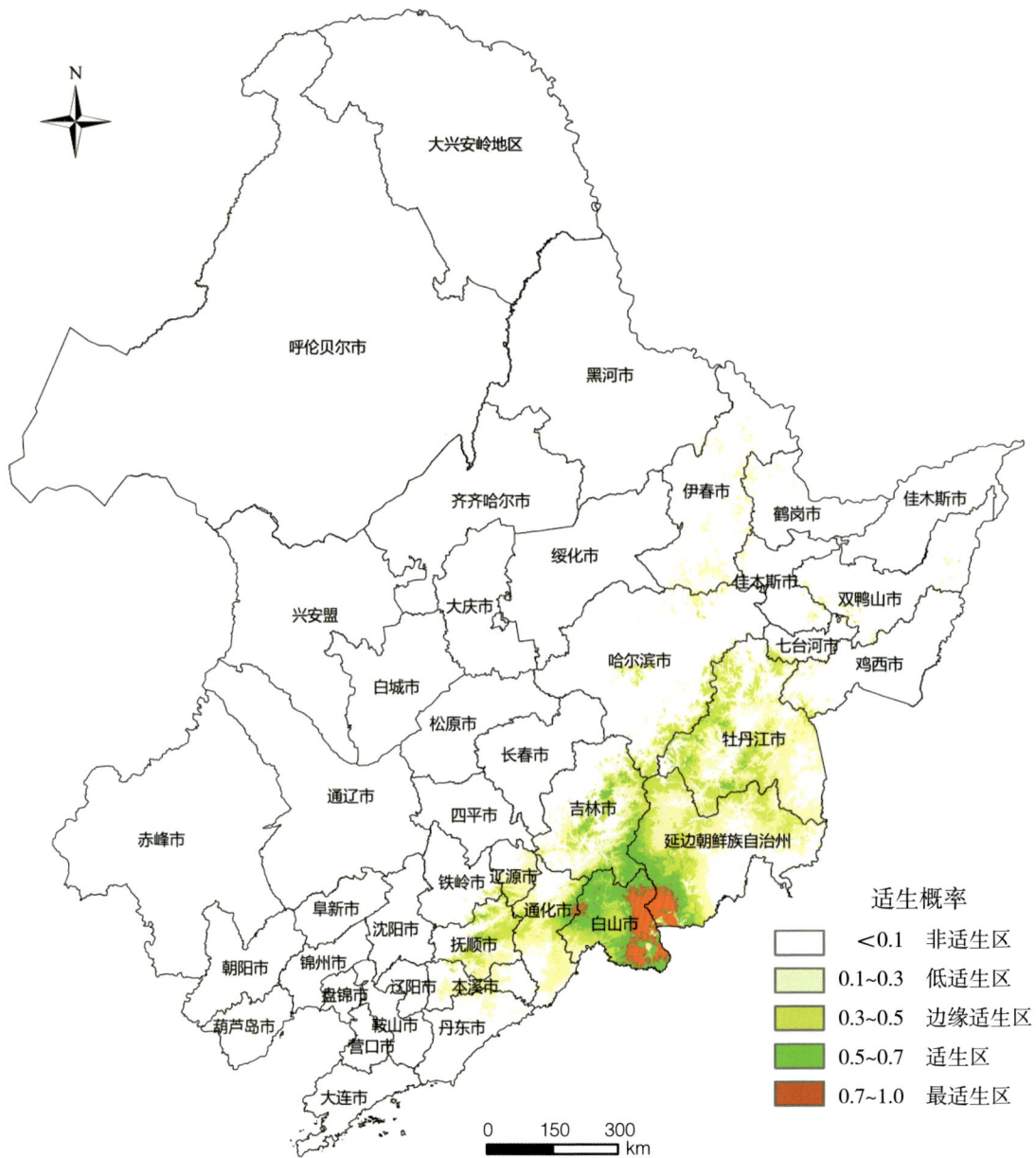

图3.34.2 东北地区延龄草的生境适宜性区划

表3.34.1　东北地区延龄草的适宜分布面积

地区	适生概率							
	0.1~0.3 低适生区		0.3~0.5 边缘适生区		0.5~0.7 适生区		≥0.7 最适生区	
	面积	面积比	面积	面积比	面积	面积比	面积	面积比
东北地区	6.95	5.59%	3.14	2.53%	1.29	1.04%	0.65	0.52%
辽宁省	0.88	5.94%	0.27	1.86%	0.02	0.15%	0.00	0.00%
吉林省	3.43	18.03%	1.96	10.33%	1.26	6.65%	0.68	3.59%
黑龙江省	2.79	5.92%	0.99	2.09%	0.06	0.13%	0.00	0.00%
内蒙古东四盟	0.00	0.00%	0.00	0.00%	0.00	0.00%	0.00	0.00%

注：面积比=适生区面积/区域总面积×100%，面积单位：万km²。

影响适宜性的主要环境因子 | ENVIRONMENTAL FACTORS

对延龄草生境适宜性贡献率5%以上的环境因子依次为年均相对湿度（32.5%）、海拔（18.7%）、年均降水量（15.7%）、极端高温（14.9%）、土壤类型（11%），累计贡献率达到92.8%（表3.34.2）。从响应曲线看，延龄草对年均相对湿度的需求阈值大于70%，对年均降水量的需求阈值大于700mm，对极端高温的需求阈值低于33℃（图3.34.3）。

表3.34.2　对延龄草生境适宜性贡献率5%以上的环境因子

环境因子	贡献率(%)
年均相对湿度	32.5
海拔	18.7
年均降水量	15.7
极端高温	14.9
土壤类型	11

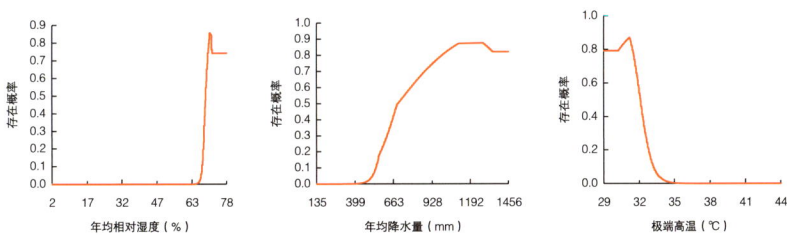

图3.34.3　对延龄草分布起主要作用的水热相关因子响应曲线

物种简介 | INTRODUCTION

笃斯越橘为杜鹃花科（Ericaceae）越橘属（*Vaccinium*）多年生小灌木，高0.5～1m。花冠绿白色，叶片纸质，浆果近球形或椭圆形，成熟时蓝紫色，被白粉。花期6月，果期7—8月（图3.35.1）。笃斯越橘的果实富含花青苷、黄酮类等抗氧化活性物质，具有防止脑神经老化、抗癌等功效。笃斯越橘是我国珍贵的野生蓝莓品种，具有富含花青素、抗寒、耐旱、抗病等优良性状，是珍贵的育种资源。

图3.35.1 笃斯越橘

适宜分布区 | DISTRIBUTION AREA

笃斯越橘在我国东北地区主要分布于大兴安岭地区和长白山山脉高海拔区域（图3.35.2）。笃斯越橘的适生区（适生概率0.5～0.7）主要位于呼伦贝尔市、大兴安岭地区等地区，面积约有4.62万km²，占东北地区总面积的3.71%；最适生区（适生概率≥0.7）主要位于大兴安岭地区和长白山高海拔区域，面积约为0.67万km²；边缘适生区（适生概率0.3～0.5）主要位于适生区附近的山地森林区，面积约为7.29万km²（表3.35.1）。

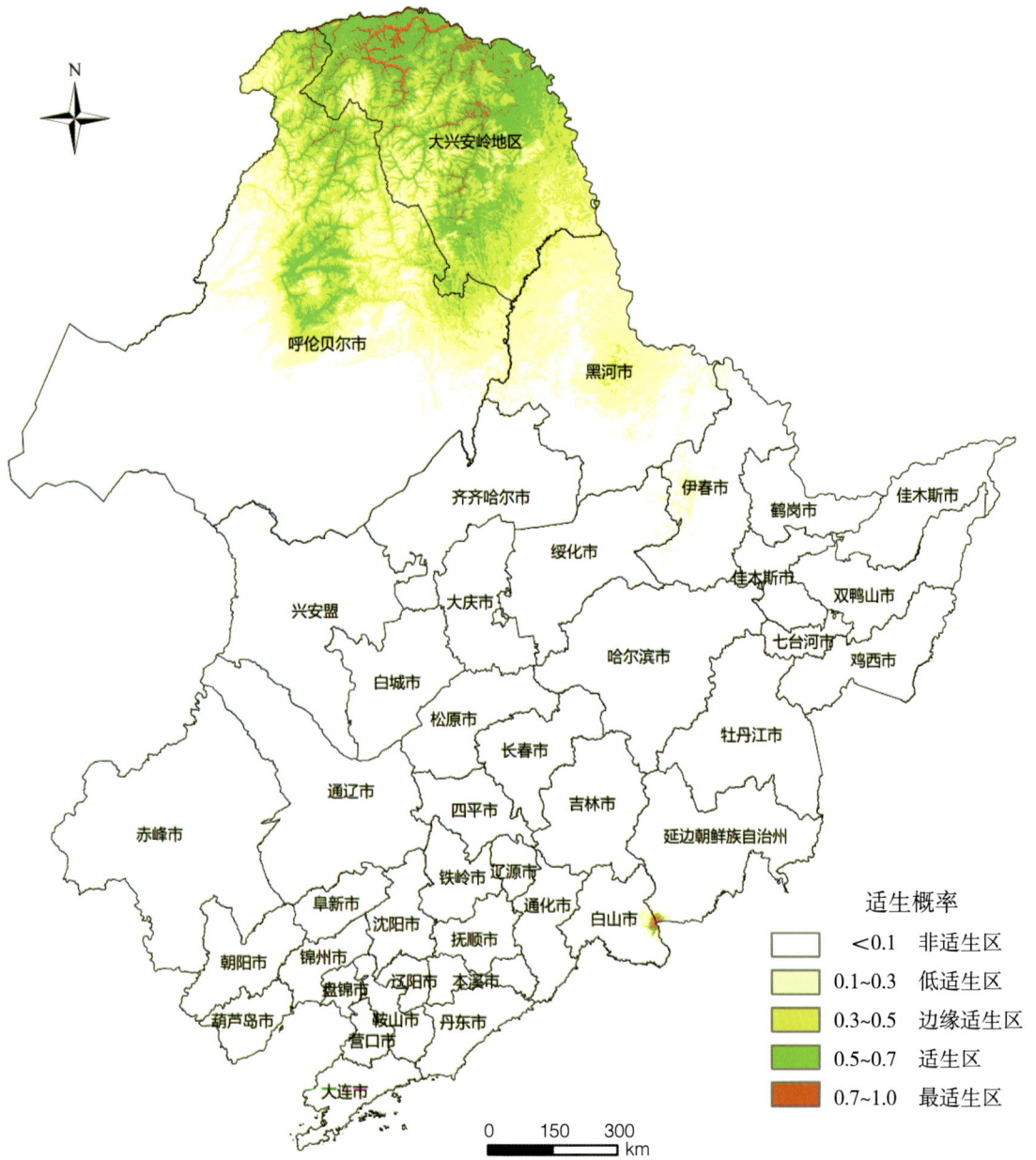

图3.35.2　东北地区笃斯越橘的生境适宜性区划

表3.35.1　东北地区笃斯越橘的适宜分布面积

地区	适生概率							
	0.1~0.3 低适生区		0.3~0.5 边缘适生区		0.5~0.7 适生区		≥ 0.7 最适生区	
	面积	面积比	面积	面积比	面积	面积比	面积	面积比
东北地区	11.12	8.93%	7.29	5.86%	3.95	3.18%	0.67	0.53%
辽宁省	0.00	0.00%	0.00	0.00%	0.00	0.00%	0.00	0.00%
吉林省	0.07	0.36%	0.01	0.07%	0.01	0.06%	0.02	0.12%
黑龙江省	5.57	11.83%	3.93	8.34%	2.84	6.03%	0.54	1.15%
内蒙古东四盟	5.48	12.59%	1.00	2.30%	1.04	2.39%	0.08	0.19%

注：面积比=适生区面积/区域总面积×100%，面积单位：万km²。

影响适宜性的主要环境因子 | ENVIRONMENTAL FACTORS

对笃斯越橘生境适宜性贡献率5%以上的环境因子依次为极端低温（42.5%）、≥10℃有效积温（22.8%）、年均相对湿度（9.5%）、生长季均温（5.9%），累计贡献率达到80.7%（表3.35.2）。从响应曲线看，笃斯越橘对极端低温的需求阈值为-44～-39℃，对≥10℃有效积温的需求阈值小于1990℃/a（图3.35.3）。

表3.35.2　对狗枣猕猴桃生境适宜性贡献率5%以上的环境因子

环境因子	贡献率(%)
极端低温	42.5
≥10℃有效积温	22.8
年均相对湿度	9.5
生长季均温	5.9

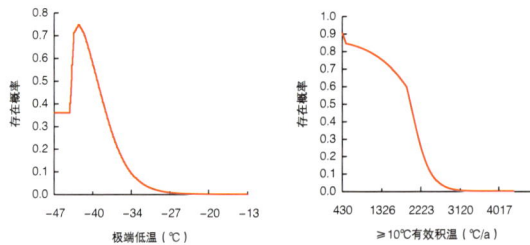

图3.35.3　对笃斯越橘分布起主要作用的水热相关因子响应曲线

物种简介 ｜ INTRODUCTION

　　山葡萄为葡萄科（Vitaceae）葡萄属（*Vitis*）藤本植物，又名阿木尔葡萄、阿穆尔葡萄。圆锥花序疏散，花萼碟形，无毛，花瓣5花瓣呈帽状黏合脱落；叶为宽卵圆形，先端尖锐基部宽心形，基缺凹成圆形或钝齿；小枝圆柱形，无毛，嫩枝疏被蛛丝状绒毛；果为球形，成熟时黑色，种子倒卵圆形；花期5—6月，果期7—9月（图3.36.1）。山葡萄的果可生食或酿酒，酒糟可制醋和染料，种子可炸油，叶和酿酒后的酒脚可提取酒石酸。山葡萄具有多种食用价值，经济效益很高。

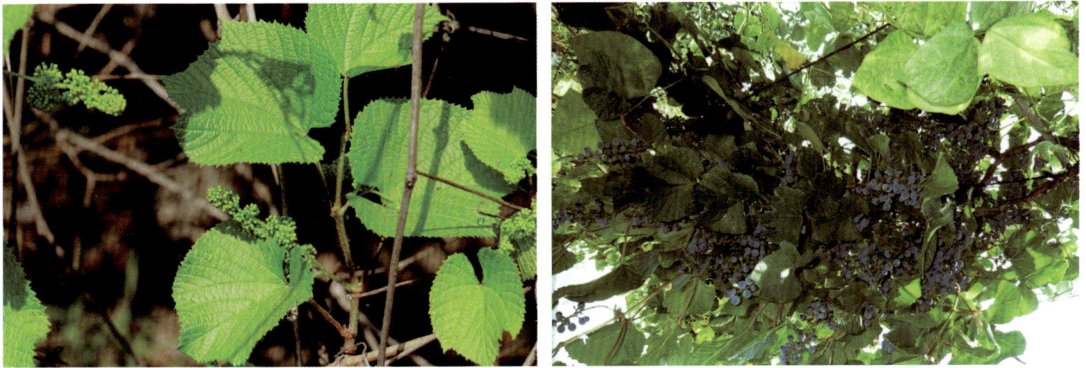

图3.36.1　山葡萄

适宜分布区 ｜ DISTRIBUTION AREA

　　山葡萄在我国东北地区主要分布于长白山山脉及其余脉（图3.36.2）。山葡萄的适生区（适生概率≥0.5）主要位于佳木斯市、双鸭山市、七台河市、鸡西市、牡丹江市、吉林市、延边朝鲜族自治州、白山市、辽源市、通化市、抚顺、本溪市、丹东市、辽阳市、鞍山市、葫芦岛市和锦州市等地区，面积约有10.5万km²，占东北地区总面积的8.43%。最适生区（适生概率≥0.7）主要位于吉林市、延边朝鲜族自治州和抚顺市等地区，面积约有1.25万km²。边缘适生区（适生概率0.3～0.5）主要位于伊春市、鹤岗市、哈尔滨市、牡丹江市、延边朝鲜族自治州、白山市、铁岭市、通化市、本溪市和葫芦岛市等地区，面积约有13.93万km²（表3.36.1）。

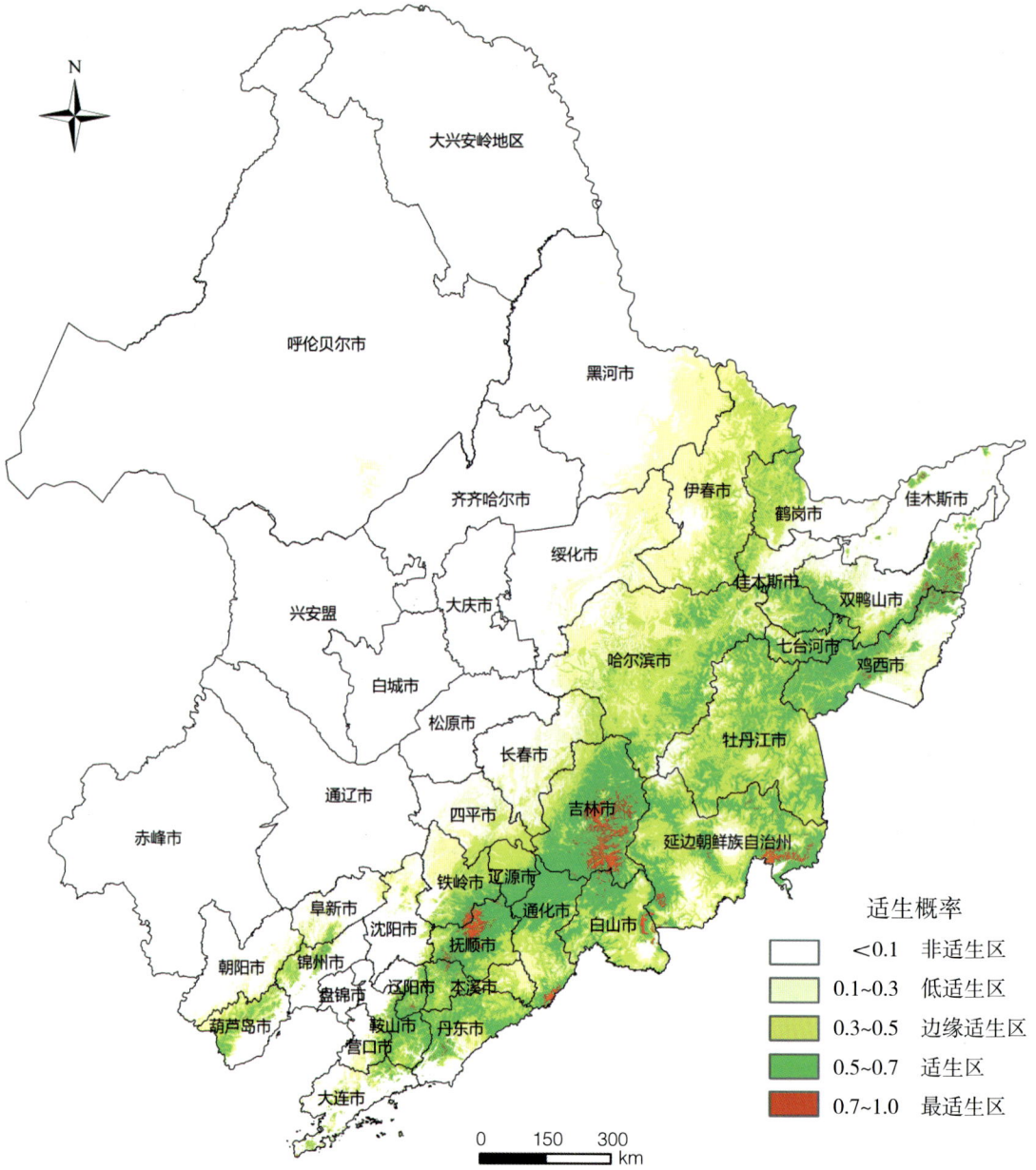

适生概率

⬜ <0.1	非适生区
🟩 0.1~0.3	低适生区
🟩 0.3~0.5	边缘适生区
🟩 0.5~0.7	适生区
🟥 0.7~1.0	最适生区

图3.36.2　东北地区山葡萄的生境适宜性区划

表3.36.1　东北地区山葡萄的适宜分布面积

地区	适生概率							
	0.1~0.3 低适生区		0.3~0.5 边缘适生区		0.5~0.7 适生区		≥0.7 最适生区	
	面积	面积比	面积	面积比	面积	面积比	面积	面积比
东北地区	12.90	10.37%	13.93	11.19%	9.25	7.43%	1.25	1.00%
辽宁省	2.51	16.96%	2.70	18.24%	2.04	13.77%	0.34	2.31%
吉林省	2.83	14.91%	4.21	22.19%	3.98	20.95%	0.66	3.46%
黑龙江省	8.13	17.26%	7.76	16.47%	3.74	7.95%	0.32	0.69%
内蒙古东四盟	0.11	0.26%	0	0	0	0	0	0

注：面积比=适生区面积/区域总面积×100%，面积单位：万km²。

影响适宜性的主要环境因子 | ENVIRONMENTAL FACTORS

对山葡萄生境适宜性贡献率5%以上的环境因子依次为年均降水量（38.9%）、极端低温（14.3%）、土壤类型（14.1%）、海拔（10.3%）、坡度（6%）、年均相对湿度（5.3%）和4—9月生长季降水量（5.1%），累计贡献率达到94%（表3.36.2）。从响应曲线看，山葡萄对年平均降水量的需求阈值为600~1000mm，对年均相对湿度的需求阈值大于68%，对4—9月生长季降水量的需求阈值为500~800mm（图3.36.3）。

表3.36.2　对山葡萄生境适宜性贡献率5%以上的环境因子

环境因子	贡献率(%)
年均降水量	38.9
极端低温	14.3
土壤类型	14.1
海拔	10.3
坡度	6
年均相对湿度	5.3
4—9月生长季降水量	5.1

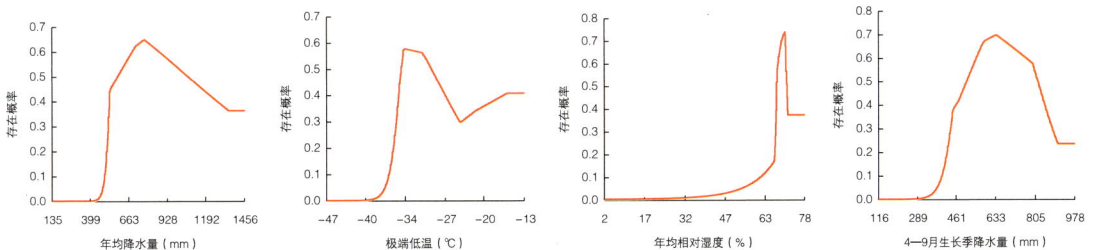

图3.36.3　对山葡萄分布起主要作用的水热相关因子响应曲线